每天活用黄金1小时

Business Skills Training

How To Successfully Execute Your Work,
The Skills For World Class Business Excellence

[日] 鸠山玲人 —— 著　　郭子菱 —— 译

北京日报出版社

图书在版编目（CIP）数据

每天活用黄金1小时 /（日）鸠山玲人著；郭子菱译
. — 北京：北京日报出版社，2023.8
　ISBN 978-7-5477-4484-0

　Ⅰ.①每… Ⅱ.①鸠… ②郭… Ⅲ.①成功心理-通俗读物 Ⅳ.①B848.4-49

中国国家版本馆CIP数据核字(2023)第007355号
北京版权保护中心外国图书合同登记号：01-2023-0320

"SEKAI NO ELITE GA YATTEIRU DOKO DEMO TSUYOSURU JITSURYOKU GA TSUKU SHIGOTO － KIN TRAINING" by REHITO HATOYAMA
Copyright © Rehito Hatoyama, 2016
Original Japanese edition published by Sunmark Publishing, Inc.
This Simplified Chinese Language Edition is published by arrangement with Sunmark Publishing, Inc.
through East West Culture & Media Co., Ltd., Tokyo

每天活用黄金1小时

责任编辑：	史　琴
监　　制：	黄　利　万　夏
特约编辑：	曹莉丽　鞠媛媛　杨佳怡
营销支持：	曹莉丽
装帧设计：	紫图装帧
出版发行：	北京日报出版社
地　　址：	北京市东城区东单三条8-16号东方广场东配楼四层
邮　　编：	100005
电　　话：	发行部：(010) 65255876
	总编室：(010) 65252135
印　　刷：	艺堂印刷（天津）有限公司
经　　销：	各地新华书店
版　　次：	2023年8月第1版
	2023年8月第1次印刷
开　　本：	880毫米×1230毫米　1/32
印　　张：	6.5
字　　数：	130千字
定　　价：	55.00元

版权所有，侵权必究，未经许可，不得转载

前言

每天1小时的训练，让你不会被淘汰

"我给你两个星期的带薪假。"要是有人突然跟你这么说，我想大部分的人会和我一样觉得"哇，好长的时间！能做不少事呢"。

假如有两个星期的假期，你可以选择去旅行、多陪陪家人，也可以一头栽进兴趣里面。假如有两个星期的时间，你也可以挑战一些新事物。若能够在两个星期内做很多健身训练，也许可以改变你的体态。或者学习英语等外语，抑或为了获得某些技能和资格而进修，只要你能认真地学习两个星期，就可以向前精进一步。

一个长达两个星期只属于自己的假期，这对忙碌的商务人士来说，真的非常奢侈。然而实际情况是，在日本根本没有几家企业能够给你提供两个星期的带薪假。依照日本厚生劳动省[①]2013年的调查，劳动市场中的日本人一年平均只有 4.3 天的夏季假期。就算是长假，最多也只有 10 天。

"在退休之前，根本没办法连续休息两个星期。"这对一般的日本上班族而言，算是再正常不过的。但是，假如每天只需要抽出"1 小时"，无论多么忙碌的人，也一定可以。我认为，通过每天的"1 小时训练"，就能够累积出和两个星期休假同等的时间。利用它，无论接下来面临什么样的时代，你都能凭借习得的能力确保不会丢掉工作。

首先，让我先介绍一下自己。

到 2016 年春天为止，我已经在三丽鸥股份有限公司工作了 8 年。在三丽鸥时，我担任常务董事兼任海外业务负责人，将 Hello Kitty 等角色拓展到海外，进行版权贸易。

我从 2008 年入职到 2013 年为止，创造出超过 200 亿日元的销售额，为三丽鸥有史以来的最高个人销售额，也帮助公司将跌落至数百日元的股价，翻盘到每股超过 6000 日元。另外，我也曾担任 DeNA 股份有限公司的非执行董事 3 年左右。

现在我作为斯坦福大学的访问学者，在进行企业全球化和企业治理的同时，也身兼位于硅谷的 Sozo Ventures 创投公司投资合伙人。不仅如此，我还担任 LINE 股份有限公司、贝亲股

[①] 厚生劳动省：是日本负责医疗卫生和社会保障的主要部门。

份有限公司,以及特思尔大宇宙股份有限公司3家公司的非执行董事。身为鸠山综合研究所的代表,我也会为企业提供关于全球化和扩大事业的相关建议。

当我还在三丽鸥工作时,常常奔波于世界各地,同时进行着多项工作。那时候我住在硅谷,一个月大概有1/3的时间都没有办法和家人住在一起。直到现在,依然经常有人会问我"你真的很忙吧""是不是都没有时间睡觉"之类的问题,我自己有时候也会想,"啊,确实是快要爆炸了"。

尽管如此,我还是会确保1天中有1小时的个人时间,以持续进行我的个人训练。1天1小时的工作技巧训练,是我工作以后,一直持续至今的一个重要习惯。

在我刚毕业进入三菱商事株会社(以下简称三菱商事),以临时调派的身份被分配到爱贝克思、罗森负责媒体相关业务的那段期间,同时也朝着到哈佛商学院留学的目标努力,每天一点一点地学习。从哈佛大学学成归国后,为了能够接触董事、非执行董事和经营相关的工作,也从未停止自己的1小时工作技巧训练。

我想应该有不少人知道,在日本,很多企业都有一种"最喜欢严格的工作!24小时奋力地工作最开心!"的传统,类似体育赛事的气氛,而我也认为忙碌是理所当然的,因此就这样开始了长时间不断地工作。

无论多忙，我依然确保自己每天都有 1 小时的"训练时间"，这个习惯就这样跟着我到了 40 余岁。这些年来，正因为我每天都为自己留下了 1 小时的时间，才能够在工作中获得不错的成果。

1 小时是拿来玩手机，还是训练工作技能呢？

这 1 小时完全是属于你的个人时间，你可以自由地做任何事情，但为了成为一个无论何时都有用的人，请做些有用的事情。因为 1 小时，常常在你什么都不想、玩手机游戏、发呆、看体育节目或综艺节目时，不知不觉就过去了。

为了训练自己的工作技巧，我会非常勤奋地一点一点努力积累。不过我并不是进行一些很高难度的学习，更不会做让大家觉得很惊讶的事情。

我只不过希望能够拓展自己的可能性，才像到处播种般，从一些小事情开始做起。正因为养成了几十年的"每天 1 小时"习惯，现在的我才能如此自信。就算步入不同行业或是时代改变了，这些能力都为我所拥有。

如果你现在有着"要是哪天工作丢了怎么办""在看不见尽头的未来中，希望可以提高自己的价值"之类的不安或期许，我给你的最好建议就是进行 1 小时的工作技能训练。

前言
每天1小时的训练，让你不会被淘汰

1小时可以帮你建立未来的自信

人生，就是很多事情的重叠。我们可以稍微计算看看。如果一天1小时，一年你就为自己累积了365小时，大概为15.2天。以一年来看，你可以确保自己有了两个星期以上的个人时间。

1×365÷24≈15.2

即使你距离退休还有30年以上，如果你不想只是呆呆地耗费着这些"属于自己的时间"，现在就可以像这样在一年中为自己腾出两个星期左右的时间。

首先就从今天的1小时做起吧！当然明天也要这么做。慢慢地你会发现，如果怠慢了某天的1小时训练，自己就会坐立难安，当你有这个意识的时候，你已经全心全意在贯彻执行这件事了。

在本书中，我所推荐的1小时训练项目会像一张张卡片一样集结起来，在我20年持续不断的工作技巧训练当中，我也选出了一些我认为对你会有帮助的事情。无论哪个，请你从喜欢的项目开始尝试吧！

目录
Contents

第 1 章　挤出能够磨炼自己的 1 小时

工作技巧训练 01
再忙碌的人也可以腾出 1 小时的办法 / 002

工作技巧训练 02
计算出自己的 1 小时成本 / 005

工作技巧训练 03
用颜色区分日历，就能够"揪"出浪费掉的时间 / 010

工作技巧训练 04
减少"掠夺"时间的例行公事 / 014

工作技巧训练 05
学习能够创造未来时间的舍弃秘诀 / 016

工作技巧训练 06
盘点你的工作能力值 / 019

★ 1 分钟概要　第 1 章的检查清单 / 026

第2章 学习到哪里都能用的思考方式

工作技巧训练 07
比起"正义的伙伴",要先以"邪恶的组织"为目标 / 028

工作技巧训练 08
发现新企划与新商机的养成训练 / 030

工作技巧训练 09
找出新商机的两种思考模式 / 032

工作技巧训练 10
能够想出大量创新提案者的思考模式 / 036

工作技巧训练 11
提出意见的三个具体步骤 / 038

工作技巧训练 12
通过组合和分解提高构想质量 / 041

工作技巧训练 13
让你时刻都能下达正确决策的"分解法" / 044

工作技巧训练 14
善用知识时也不可或缺的想象力 / 046

目 录

工作技巧训练 15
如果 Hello Kitty 变成方形的会怎样 / 048

工作技巧训练 16
减少工作失误的过程诊断 / 052

工作技巧训练 17
制作关系图可以让人际关系更顺利 / 056

工作技巧训练 18
有能力的领导者要从哪一点评断下属 / 060

工作技巧训练 19
能够打动人心的决定性发言 / 063

★ 1 分钟概要　第 2 章的检查清单 / 067

第 3 章　养成市场洞察力

工作技巧训练 20
不要凭感觉，养成用数字思考的习惯 / 070

工作技巧训练 21
学习用数字思考的计算训练 / 074

工作技巧训练 22
通过便利店陈列进行的营销训练 / *080*

工作技巧训练 23
锻炼可以洞察全世界的营销散步 / *084*

工作技巧训练 24
搜集信息的能力①：建立基本知识 / *089*

工作技巧训练 25
搜集信息的能力②：整理可以使用的数据 / *093*

★ 1 分钟概要　第 3 章的检查清单 / *097*

第 4 章　学习随时都能够跳槽的能力

工作技巧训练 26
试着为跳槽进行 1 小时的准备 / *100*

工作技巧训练 27
将自己推销出去的简历写法 / *103*

工作技巧训练 28
自己的真正价值有多少 / *109*

工作技巧训练 29
通过公司内部转岗,创造改变契机 / 111

工作技巧训练 30
对于跳槽的邀约请立即回答 / 114

★ **1 分钟概要** 第 4 章的检查清单 / 118

第 5 章 以"人"为中心发展可能性

工作技巧训练 31
每两周做一次会面清单 / 120

工作技巧训练 32
从关系遥远的人开始加入会面清单 / 123

工作技巧训练 33
不要忽略付诸实际行动的重要性 / 126

工作技巧训练 34
与人会面之前应该做的三个准备 / 129

工作技巧训练 35
与关键人物会面前应该确认的五种攻略法 / 134

工作技巧训练 36
和朋友一起审视过往的经历 / 139

工作技巧训练 37
和公司内部人员交流，
也能成为工作技巧的训练 / 141

工作技巧训练 38
领导能力是通过担任某项计划负责人而训练出来的 / 146

★ 1 分钟概要　第 5 章的检查清单 / 151

第 6 章　为了开拓未来而进行的学习

工作技巧训练 39
创造学习时间的三种模式 / 154

工作技巧训练 40
向"最近有经验的人"请教 / 157

工作技巧训练 41
比语言学习更重要的是背景概念 / 159

工作技巧训练 42

在研讨会之前要进行发问练习 / *162*

工作技巧训练 43

在研讨会之后要进行书写复习 / *164*

★ 1 分钟概要　第 6 章的检查清单 / *167*

第 7 章　充实自己的教育训练

工作技巧训练 44

面对问题时让自己冷静的方法 / *170*

工作技巧训练 45

抑制怒气的三个步骤 / *173*

工作技巧训练 46

了解真正的自己，改善工作质量 / *177*

★ 1 分钟概要　第 7 章的检查清单 / *181*

后记　与重要人物的"一对一时间" / *183*

第 1 章

挤出能够磨炼自己的 1 小时

第 1 章是在开始"1 小时训练"之前,应该要做的基础训练。

要如何腾出 1 小时?1 小时应该怎么利用?1 小时究竟是什么样的时间概念?

探讨这些问题的第一步是先培养你的时间感。

接下来,再来确认工作中最基本的要素,

这对任何训练来说,都是不可或缺的,

那些你越觉得"现在这已经不重要"的事情,事实上会越来越重要。

工作技巧训练 01 | 再忙碌的人也可以腾出1小时的办法

人生，就是所有事情积少成多的结果。"聚沙成塔"，就是这个道理。就如同我在前言中所说，只要能够每天积累1小时，1年后，你就可以创造出相当于两个星期的个人时间。而这1小时即为"沙"，沙虽然可以成塔，但若没有积累起来，很容易就会消失不见。

话虽如此，我想表达的并非要你有效利用"所有的1小时"。我也常常会和朋友们一边喝酒一边畅谈，不知不觉就度过了1小时。这是因为人和人之间的交流是非常重要的，就算只是讲一些无意义的话，因为"时间的用途"很明确，所以就不会觉得这1小时被浪费了。

而最大的问题在于，在不知不觉中时间就过去了，等你回过神来还会想"咦，我刚才到底做了什么"。这种很容易在平日被消磨掉的时间,建议你用工作技巧的训练来填满它。

我想应该会有人认为"1小时根本做不了什么事情吧",我希望你可以试着作出接下来我要说明的"24小时圆饼图",把你一天中主要时间的分配模式画出来。就像小时候分配暑假的时间段一样,把自己从早到晚做些什么事情都写出来。这时你会发现,脑海中所想的和实际写在纸上的事情,差距是如此的大。你若发现其中有一些时间段根本想不到要写些什么,那就

24小时圆饼图

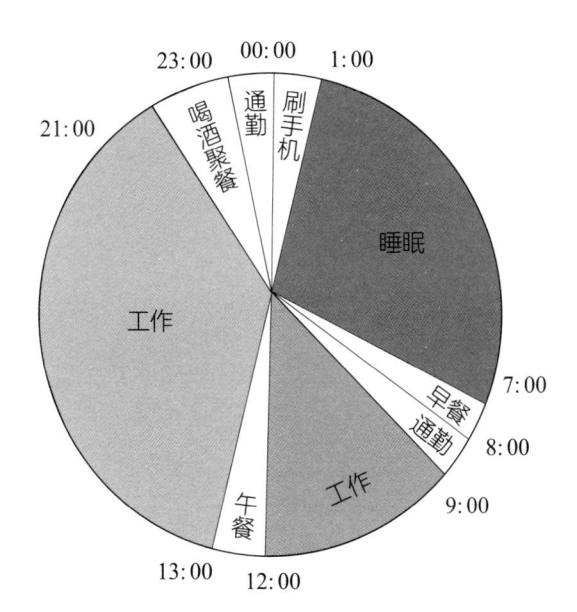

是你"空白的 1 小时",建议你用工作技巧的训练填满它。

就算每个时间段你都知道要做什么,也试着想想"啊,如果我再早 1 小时起床就好了""回家前也可以顺道去咖啡馆看看书"等,尝试这样有效利用时间,腾出时间来作为训练的时间。

工作技巧训练 02 | 计算出自己的 1 小时成本

"每天要在工作以外腾出 1 小时的时间根本不可能。"也许有人会这么想。这时,你可以重新审视一下,不知不觉消逝的 1 小时究竟有什么价值。首先,为了能更强烈地意识到 1 小时的宝贵,请思考一下你的"自我成本"。

"要明确了解自己的价值有多少,当你的价值超越了成本,你就可以独当一面。"这是我刚参加工作时,经常听到的一句话。接下来,我就以贸易公司的概念说明什么是自我成本。

我从三菱商事开始自己的职场生涯,那时我就听说,贸易公司一年花在一个员工身上的成本高达数千万日元。当然这里指的不仅仅是薪水,还包含该员工所使用的桌子、办公室租金等各种间接费用,以及福利、社会保险等费用,也就是贸易公司雇佣员工时所需要支出的所有费用(成本)。

贸易公司的工作，用一句简单的话来概括，就是"买进卖出"。贸易公司并不像制造厂商那样，做出某种东西之后贩售，而是和其他公司进行价格斡旋、采购商品后，再卖给别的公司赚差价。因此，我们必须非常精准地计算其中可以得到多少利润，并掌握各种状况。

进入公司的第二年，上级跟我说："要趁年轻的时候，尽可能调派到各个地方观察不同的业界生态。"于是，我接受建议，被调派到一家叫作爱普科技的公司。

当时我主要的工作是负责管理CD和DVD的制造订单，为了确保订单的交付，提高利润，我必须要了解生产效率、供给线的配送系统、资金材料的管理方法等。因此，我们会时刻了解并掌握公司的人员结构，并思考用怎样的营销方法展出商品，以及何时向谁确认才能够确保产品万无一失。

这份工作对憧憬着想要"制订营销策略"和"提出新企划"的新员工来说，似乎一点也不耀眼，然而我却在这里学习到了宝贵的经验。原因在于，这是打好工作基础最好的训练。

思考时间效率、进货和款项的分配，努力省下不必要的浪费以产生利润，这可以说是所有工作的基础。

因此，1小时的训练必须从确认自己1小时的"成本"开始。每个员工所花费的成本会根据公司的不同而有所不同，不过大致上为该员工年收入的1.5～2倍。换句话说，假设你的年收入为500万日元,你最少要赚到750万～1000万日元,公司才不会因为雇佣你而亏损。

在这里,为了让说明更简洁,假设你年收入为500万日元,公司为你付出的成本为1000万日元。以一年365天来看,一天大约要花费2.7万日元的成本。

然而我们并非一年365天,一天24小时都在工作,因此首先我们要从365天之中扣除休假日。如果每周休息2天,每年的休假为104天,而日本的法定假日为每年16天。若再加上补休日、夏季休假和冬季假日,每年会有132天的假期。这么一来,一年中的劳动天数为:

365天 – 132天 = 233天

在这233天中,假设一天工作8小时,一年中的劳动时长为:

8小时/天 × 233天 = 1864小时

一个月的加班时长会依据公司与个人而有所不同,这里我们假设每月加班20小时:

20小时 × 12月 = 240小时

把上班时长和加班时长加起来,就是实际上的工作时长:

1864小时 + 240小时 = 2104小时

把成本和时长相除为:

1000万日元 ÷ 2104小时 ≈ 4753日元/小时

换句话说，对于一个年收入500万日元的人而言，公司每1小时必须要支付的成本，大约为5000日元。就以这种思维模式结合你实际的年收入、公司为你付出的成本、休假日与加班时间等各种状况，就能得出一个金额。也请你思考一下计算出来的结果：

"我是否在用符合1小时成本的方式工作呢？"

"意义不明的1小时就等于把钱丢掉一样，而那些钱真的丢掉了也无所谓吗？"

你计算看看，我想你看待"1小时"的想法会有所改变。

第 1 章
挤出能够磨炼自己的 1 小时

你的成本计算表

① 你的年收入（　　　）元

② 公司为你付出的成本
（　　　）元 ×2=（　　　）元

③ 你的工作时间
（　　　）小时 + 加班（　　　）小时
=（　　　）小时

④ 你 1 小时的成本
②的答案（　　　）元 ÷ ③的答案（　　　）
小时 =（　　　）元

009

工作技巧训练 03 | 用颜色区分日历，就能够"揪"出浪费掉的时间

你的时间就是你的资源。这和石油一样，可以说是有限的宝贵资源。现在就来了解一下你究竟该如何使用这些宝贵的资源。

掌握自己的时间

【要准备的东西】

① 你上个月的行程表（利用现在所使用的记事本或手机等）。

② 空白的日历（不要的日历或网络上找到的下载打印出来的都可以）。

③ 4～5种颜色的记号笔。

第1章
挤出能够磨炼自己的1小时

> 确认你准备好的上个月的行程表，然后用不同颜色的笔区分出你每天的行动模式。
>
> **以不同颜色区分不同事情**
>
> A. 外勤＝粉红色
>
> B. 整理文件＝绿色
>
> C. 与人会面＝蓝色
>
> D. 学习＝黄色

比如，上个月的1号你出外勤，就标注粉红色；若是整理文件，就涂上绿色；至于"这天白天虽然我只整理了文件，但晚上和别人一起吃了饭"的情况，就标注绿色和蓝色；若是"这天在出外勤之后，回家之前还去咖啡馆稍微看了一下书"的话，就画上粉红色和黄色。总之，要尽可能用简单的方式注记。这里我举了"外勤"和"整理文件"这类基本事务的案例，但区分颜色的标准是因人而异的。

比如，有人会用"撰写企划书等进行一项新项目工作"和"制作数据报表等分析过去的工作"来区分颜色。有人以"只是打电话的工作""输入文件的工作""与人会面的工作"来划分，还有人以"使用英语的工作""使用日语的工作"来划分，这些都是可以的。

对于休假日，则不要涂颜色，试着用铅笔具体地写下当天的行动，无论是和家人一起度过、参加户外活动，或者一整天都在家里打游戏等，试着照自己的实际情况写出来。至于那些"奇怪，我到底做了什么？是不是在睡觉啊"这样的时间，就先空下来。

进行到这儿觉得如何呢？先浏览一下，在行程表中，最多的颜色是哪一种，这就是你的行为模式。换句话说，这是确认你如何使用时间资源的一个表格。如果几乎都是绿色，代表你一直在做事务性的工作；若没有出现蓝色，就表示你几乎没有和别人会面。现在就拿起笔标记出上个月的工作安排，试着用不同颜色标注你的资源分配吧。

不只是上个月，若你也能用颜色标注"近3个月"，或者自认为"极为忙碌而没有办法闲下来的时期"等超过1个月的时段，就可以更清楚地知道自己的行为模式。

前面章节提到的"寻找空白1小时"训练，是为了知道要何时进行训练所做的准备。而此章所说明的时间资源分配训练，则是为了进一步了解自己在进行训练时，哪些是不可或缺的信息。

职业不同，应该花费在工作上的时间也有多少之分。或许到目前为止已经花了很多时间，但接下来我们必须要尽可能缩短工时。另外，或许还会有需要投注更多时间的事情，例如明

第 1 章
挤出能够磨炼自己的 1 小时

明想要更努力地分析数据以提高工作效能,但实在是没时间。

在现阶段,我想很多人能够完美地分配工作时间,如此一来,我们就应该在用颜色划分时间资源时,选择"想要做但现在却做不到的事情"来进行强化训练。

我们先把那些"可能想要减少的工作"的时间,替换成训练工作技巧的时间。详细情形我会在后面说明,你在工作时间内可以进行的训练其实真的非常多。

工作技巧训练 04 | 减少"掠夺"时间的例行公事

我想在阅读本书的读者中,一定有找不出空白时间的人。如果你也是其中一员,就请稍微停下来思考一下:"怎样才能挤出一两个小时来训练呢?"答案就是,尽可能地打破你的例行公事的工作模式。

当你在工作的时候,每天规定的日常事务,也就是例行公事,会不断增加。如果你只致力于处理例行公事,就没办法顾及更重要的事情了。

从长远来说这样真的好吗?无论身处什么时代,想要提高工作能力,就不能只着眼于日常事务,必须不断向新事务挑战,想办法让自己成长才是最重要的。为此,你必须要试着思考,要如何减少自己做例行公事的时间。

要打破例行公事的工作模式,首先,必须从这些日常事务中找出 1～2 个你认为没有必要的项目。其次，再将剩下的例行公事做优先级排序。

比如，你到了公司后，首先必须花 30 分钟回复邮件。如果你能够在通勤中就用手机处理完这件事，就可以把这项安排从例行公事中删除。发完邮件以后会花 15 分钟看网络新闻，也请下定决心舍弃这一项。至于整理单据之类的工作，可以固定在某一天来处理。另外，也可以试着改变工作场所，或许可以让你从一直以来占用你时间的例行公事中脱离出来。

另外，例行公事的优先级也要常常调整。假设和人沟通协调是你每天都要做的事情，当公司内部的沟通不足时，要以与内部人员沟通为优先；若正在处理新的业务，就必须把和外部人员沟通协调放在首位。只要不断问自己"对现在的我来说，什么事情是必要的？"，你就可以腾出宝贵的 1 小时。

工作技巧训练 05 | 学习能够创造未来时间的舍弃秘诀

若能够减少例行公事并腾出时间，或者舍弃例行公事以外的事务，就能为自己创造更多的时间。

我的电脑桌面上一般没有任何文件夹，有的话，只有最近这一周使用过的几个，过去的数据全部丢掉了。我应该是一个很不擅长整理的人，但在"舍弃"这件事情上，我觉得我是一个非常果断的人。能够下定这样的舍弃决心，对于1小时训练会有很大的帮助。

比如，从学生时代开始，我就非常喜欢把数据全部收集起来，做成大量的文本资料，但是我会定期把资料全部丢掉。邮件也如此，如果囤积了过多的邮件，心里会有压迫感，所以我会删除不必要的内容。虽然事后可能会因为"没办法联系到某个人""啊！他教过我那件事情的文件不知道丢哪儿去了"而多次抱头苦恼。但把多余的东西丢掉，还是会觉得神清气爽。

当你遇到困难、想要进行一项新事务时，你要抓住"舍弃"的时间点，并集中精神把某些东西丢掉，这样做将会对你有所帮助。特别是当你想要开始新的事业时，一定要把过去的东西舍弃才行。无论是工作也好、兴趣也好，若你选择了"要做这件事情"，就必须要丢弃某些东西。因为人类的精力有限，你必须学会权衡。

舍弃的秘诀有两个。

✔ 舍弃不需要的东西

和面对例行公事时相同，当你重新审视优先级时，就可以把不需要的东西舍弃。

✔ 重要的东西更要舍弃

不必说，做到这一点对大家来讲一定比较困难，但是"舍弃"后的效果会与易难程度成正比。

自己所熟悉的做法、习惯、建立起来的人际关系、处理顺手的工作，这些对你来说都很重要，你也极为重视。正因为投入了时间和热情，只要你回头去看资料的第一页，就会有这样的感慨"啊，我真的是拼了命把这个东西完成的""那时候的辛苦很有价值，这个项目非常成功！"浮上心头，并念念不忘。

然而这些除了是你的财产，也是你前进的负担和羁绊。

请花 1 小时检查一下装有重要文件的文件夹、邮件，下定决心把对现在的你而言，仍然非常重要的东西丢掉吧！

从社会现实层面丢掉的东西，也有可能导致你舍弃相关的工作。比如，你也许会做出"跑了好多地方才好不容易开发的重要新客户，就把它让给后辈吧""把负责多年的项目交给别人吧"这样的决定，甚至会"辞职跳槽到别的公司"。虽然将工作交接给别人时，会依依不舍，也许还会产生不安，但只要怀抱着感恩之心跟这些事务道别，你就会感到很轻松。

如果只是会后悔的程度，就下定决心舍弃吧！这么一来，你的上升空间会增加，也会慢慢接手新的事务。

比如，我从 2008 年进入三丽鸥公司以后，就一直负责处理海外业务，然而到了 2014 年之后就几乎没有参与了，因为我把自己恋恋不舍的工作舍弃了。虽然这是一件非常困难的事情，但通过舍弃而获得的时间，让我有更多的精力投入到新接触的电影事业上，因此获得了新的经验。如果我还死守着海外事业部的工作而两边都想兼顾，就会一直摇摆不定，最后就没办法完成新的工作。

只要一次把所有东西都舍弃，变回一张白纸，就可以从零开始思考。即使还在同一家公司，你也可以有一个崭新的开始。

工作技巧训练 06 | 盘点你的工作能力值

有了空白时间，迫不及待要开始自己的 1 小时训练之前，先来做一个基础练习。

请回想一下你工作的基础架构。大多数人这么做了以后，会恍然大悟"原来是这么回事"。反过来说，若你没有这个认知，会让你在某天陷入困扰。你到底有多大的工作能力，下面就试着检查看看吧！

工作能力检验①
你了解公司的基本情况吗？

当时身为新员工的我，进公司后没多久，就把自己部门中所有的资料、文件、手册等信息全都看了一遍。

虽然前辈笑着对我说："咦？我让你先看文件，你竟然全部看完了？"但我这么做是有原因的。

在还是学生的时候，每当拿到新学期的教科书，我一定会把全部内容浏览一遍。这么做是因为只要稍微了解一整年的课程安排，之后我的理解就能更加顺畅。虽然在课程开始前先阅读教科书是一件很辛苦的事情，好在教科书内容也并没有那么多。我从那时候就养成了这样的习惯，进入职场后也会做同样的事。

当然，由于是新员工，对工作一定会有很多无法理解的地方。但是就算只有非常浅薄的认识，只要脑海中能够有一些基本信息，就会更容易理解工作内容。若公司有内部规则、与法务相关的训练手册，请不要把它们闲置在架子上，建议你都先看一遍。

另外，认真阅读公司网站和企业资料也很重要。如果你被客户问到关于公司的理念，你能马上回答吗？经营策略又是什么？你能够分别回答出短期、中期和长期策略吗？

所谓经营策略，包含公司正在开展的业务、各个部门正在进行的新事业、处理事情的流程（SOP），以及组织构造等，如果不能顺畅回答出公司的基本信息，你就必须重新把资料读一遍。这些内容就算你不打开资料夹，也一定可以在网络上查到。

工作能力检验②
你可以立即回答出公司的基本数据吗？

关于公司基本数据这部分，也请你做到能够立即回答的程度。例如销售额是多少、净利润多少、总资产多少。

关于我所任职公司的现金、有价证券、库存、不动产、资本金、营业盈余、负债等，几乎所有的数据我都牢牢记在脑海中。我认为就算是新员工，也要能够用数字清楚地表达出自己任职公司的资本金、去年度和前年度的销售额与利润、股票的增长幅度、员工人数等基本数据，这样会比较好。

工作能力检验③
你可以写出一份完美的报告书吗？

"就算你是基层工作者，也应该要有经营者的思考模式。"我并不反对这个主张。要突然顿悟并拥有经营者的思考模式当然不可能，事实上，很少有人能够在进入公司后的几年内，就能做出年销售额数百亿日元的订单。

你以1万日元为单位开始，接着变成10万日元、20万日元，慢慢建立你的信用度。如果你能够于某时期内都专心于眼前的工作，就会渐渐培养出你工作的基本能力，特别是担任业务的人。

要将精力都集中放在眼前的工作上面,遵循"报告、联络、谈话"的原则很重要。为了让自己能够切实地进行报告,你必须写一份完美的报告书。即使是可以用口头来说明的极为模糊不清的事,用书面处理也不会有问题。反过来说,若你的书面资料准备得非常完整,你才能切实地完成口头报告。

关于报告有几个重点必须要注意:

✔ 你在报告中有署上自己的名字吗?

根据公司要求的不同,有些文件不用特别标注负责人,但请你记得写上自己的名字。也许有人会笑着说"又不是小学生,怎么会忘记写自己的名字",但出人意料的是,很多人真的会忘记署名。另外,标题和文章名也是很容易被忽略的部分。

✔ 你在报告中有写上日期吗?

这其实是非常基本的事项,但我们有时依然会忘记写日期。比如,关于"销售额5万日元"的报表,有可能是在2013年时,1美元对应90日元的价格;也有可能是2015年时,1美元对应120日元的价格,这么一来,意义就会变得完全不一样。

第 1 章
挤出能够磨炼自己的 1 小时

✔ 你的报告是否让人容易理解？

在进入三菱商事第一年的时候，无论遇到什么事都要向上司提交报告。每当直属上司读了以后，都会用红字在旁边标注"这里有问题"，而别的上司看了之后会说"不对，这里也有问题"，接着又更改一次，最后我的报告就被改得满篇红。

从小在美国长大的我，本来就很不擅长写日本公司制式化报告。不只如此，关于"这种说法很容易理解"这件事，每个人的认知都是不相同的，甚至大家对于"哪里才是重点"的看法也都不一样，所以最后就会多出一堆红字。

不过也多亏如此，在我得到充分训练后终于能写出"对大家来说都很容易理解的报告"，一年以后，我所写的报告上几乎就不再出现红字了。如果公司内没有上司帮你修改文件，你也可以拜托同事。

工作能力检验④
你熟知申请书和报价单的规范吗？

当你在写申请书的时候，你理解审批标准了吗？比如，500万日元以内由主管审批即可，超过这个金额必须要由经理审批时，如果你没有事先准备好文件，好不容易签下的合同就有可能成为泡影。

那么，你又有能力写好一份报价单吗？所谓的报价单，就是向客户提出的价目表。除了上面写着决定好的金额以外，你能完全理解资金用途、自家公司制造原价等相关成本和利润结构吗？请你在进行销售时，养成了解利润后再写报价单的习惯。

看到这里你觉得如何？你工作的基础能力是否都具备了呢？即使你只有一项没有做到，也请你早1小时到公司，把这些基础都复习一下。

早1小时到公司的工作技巧训练，对于无论你是公司的菜鸟或老鸟来说，都是一个极为有效的方式，特别是如果你能趁还年轻时早一点到公司，身边的人都会教你很多事情。

就我的经验来看，越优秀、越忙碌的人会越早到公司，这些人正因为早上有比较宽裕的时间，才能够进一步谈话和互动。我在年轻的时候就因为早上较早到公司，而好几次被前辈搭话，邀请我去喝咖啡。当我正加班时，前辈也常常会跟我说"要不要去喝一杯"，然后就带我去居酒屋了。在那里我所学到的东西，至今仍是我宝贵的财富。

顺带一提，早上早1小时到公司，对"预习"也很有效。如果那天你有一个很重要的会议，为了不被打扰，请好好利用早上的时间。你的脑海中就如同出现一面荧幕，播放着名为

"会议"的电影画面,接着会依照顺序浮现出你的说明方式、可能会出现的提问和到时候你应该有的反应,等等。换句话说,此为"今日工作"的模拟。

通过 1 小时的预习与复习,为自己的工作打下坚实的基础。

★ 1分钟概要——第 1 章的检查清单

○ 你 1 天之中的"空白 1 小时"在哪里?

○ 你的自我成本是多少?

○ 如果用颜色标注你的时间分配,你究竟会把时间花在哪里?

○ 想要放弃的例行公事是什么?

○ 下定决心舍弃的重要事情是什么?

○ 你学习到工作的基础知识了吗?

第 2 章

学习到哪里都能用的思考方式

"无论在什么时代、到哪家公司都没有问题。"
为了让你能够这么想,必须先提高自己的构想力。
在工作上,能够解决许多困难的就是构想力。
为了让你在任何工作中都可以发挥出色,
在本章,我们会学习如何拥有独到见解的能力。
一起来锻炼这项工作的技巧吧!

工作技巧训练 07 | 比起"正义的伙伴",要先以"邪恶的组织"为目标

在社交网站上,曾经出现"正义的伙伴与邪恶的组织"这样的新闻,制造了强烈的话题。

所谓"邪恶的组织",是指一些颠覆传统的新兴人士常常会开发新武器、制订与偷袭相关的战略等,简而言之,就是发动某种革命。他们通常抱有"我们将会改变世界""征服世界给你们看"这样的强烈目标,对"正义的伙伴"总是怀有敌意。

正义的伙伴就是主流派和传统派。他们较为保守,比起尝试新事物,往往选择承袭旧有的做法。在正义的伙伴之中有些人不知道自己真正想做的是什么,并因为失去目标而痛苦着。这种时候如果出现"邪恶的组织"的成员来挑战,正义的伙伴会怎么做呢?

即使不知道想要做什么事,但只要自己长久以来非常重要

第 2 章
学习到哪里都能用的思考方式

的事务受到威胁,他们就会紧张,最后得出"想要打击罪恶,守护和平"的信念,努力不让坏事发生。目标就是建立与昨天相同的今天,与今天相同的明天。或许这就是和平的生存方式,但说到底,这对未来的世界真的有必要吗?

什么是邪恶、什么是正义,这会因为每个人的信念而有所不同。对于认为"现状即为正义"的人来说,只要看到对方有恶意,就会将其当成是真正的邪恶。如果把这样的思想套用在工作领域,比起保守维持现状的正义伙伴,我会比较想要成为引发革命的那一方。

无论身处什么时代,改革者们都会受到压迫,被印上异端者的标签。提倡"地动说"的伽利略被认为亵渎神明而被判有罪;想要创造新世界的坂本龙马则被暗杀。当时,也许他们就是所谓"邪恶的挑战者",然而对他们的评价随着时代的发展改变了。事实上,在商业领域中,我们很少会遇到需要面临生死的局面,这世界上还有许多处于无法用"正义还是邪恶"来回答的灰色地带。

那些想要将工作做得更好、想要引发革命、想要用自己的方式工作的人,我认为你们应该以成为挑战者为目标会比较适合,而不是维持现状。

这时你需要具备战略性的思考模式,在本章节,我会介绍为了达成该目的所要进行的技巧训练。

工作技巧训练 08 | 发现新企划与新商机的养成训练

我想大家应该都有工作提早结束或会面时间延期，导致突然空出 1 小时左右时间的经历。这个时候我就会进行工作技巧的养成训练。这忽然空出来的 1 小时，就用来制订策略吧！

举例来讲，你可以思考新开展的事业的运营企划、进行新工作的准备等。这么做，一方面是因为我和公司的经营有关系，另一方面，无论是否有被他人安排，制订新的运营企划已经是我长期以来的习惯。

就算没有任何人安排，你也可以思考"如果被调到某部门，我想试试看做这个"，或是制订"如果公司要开展新业务，可以做这个"这样的企划，甚至可以针对完全没有关系的其他公司，你也能够想想"假设我是总经理，我会如何开发新业务"等，将这些反反复复地思考，造就了我现在的职业生涯。

第 2 章
学习到哪里都能用的思考方式

如果你在被安排新工作之后,才开始调查数据并思考,那些被安排前就已经设想周到的人,处理起来会比你游刃有余,这个道理不用说就可以明白。

另外,思考运营策略更是一项切切实实的训练。无论何时何地都在思考并策划出许多企划方案,会让你更容易提出新的点子。因此,即使没有人安排,你也要进行思考,就是为了在真正需要时大展身手。

既然你可以在 1 小时内一个人提出策略,把这个想法告诉朋友也无妨。我的朋友就有能够在说出"要是这么做一定会超好玩""这样做应该会更好"这些提议之后,把提议的内容具体呈现出来并运用到事业上的能力。

事实上,在我写这份原稿的当天,就出现了关于某运营企划接受了"Y Combinator LLC 公司资助"的相关新闻,而那个企划案正是以前一位在硅谷的朋友告诉我的。

工作技巧训练 09 | 找出新商机的两种思考模式

从身为公司新人开始，我就一直很喜欢寻找一些没有人安排我做的工作。也许就是因为我非常勤于训练自己"找出新工作"的能力，才会让我在各个公司中得到许多机会。要从例行公事中找出新工作的诀窍有两个，下面我用案例分析的形式来说明。

① 从现在的工作中找出"下点功夫就可以变得方便的事务"和"成本低的事务"

在被分派到三菱商事子公司爱普科技的那段时间，我的工作就是每天去公司，工作内容真的非常单调。就如同前面所说，我主要的工作是"接收并安排生产CD的订单"，客户大多

第 2 章
学习到哪里都能用的思考方式

为计算机或精密仪器等的制造厂商和音乐公司。

那时都是以将显示器、鼠标、键盘等各种配件组合起来的组装电脑的形式来售卖，而我们则把装入配件的纸箱放在计算机上面，由于外形的关系，我们将此商品称之为"比萨盒"。

虽然大多数的电脑厂商会自己组合这些材料，不过后来我们提出让他们将 CD 和其他配件一同购进并加以组装的业务提案。这是因为我们认为，"不要把 CD 当成单品，而是以'比萨盒'来接收订单，这样不仅对方会更方便，对我们的业务也有好处"。另外，不光是电脑，对于必须把 CD 和部分材料结合起来的企业和产业来说，这也是一个营销机会。我们想到这个方法后就马上开始实行，也确实得到了很好的反馈。

虽然这只是一件小事，但我觉得不失为一个好机会。所谓的新工作，就是看透现有工作后所衍生出的事务。

② 从现在的工作中踏出一步，放大格局视野

我在三丽鸥的职场生涯是从担任美国首席运营官开始的，业务内容就是在美国负责产品销售。

三丽鸥外销到美国的历史非常久远，在加州的第一间直营店"Gift Gate"于 1976 年开张。然而当时的三丽鸥正因为可转换债券的还款和大笔负债，处于危机时期。当下最需要的计划

是总公司的整体战略、海外拓展和可转换债券的还款等。

那时我提出了"我们不应该只考虑美国市场"的想法。在提出想法的同时，虽然没有人安排，但我还是马上就开始拟订运营计划，三个月后就在欧洲获得营业执照，成立了新的分公司。甚至连后来在三丽鸥负责的电影事业，也不是等到别人说了以后我才行动的，而是不断想着"我想做这件事""我必须做这件事"，当别人回过神来时，我已经开始行动了。

我的运气也很好，刚好碰上时代转变，网络社交的崛起。2005年，"小甜甜"布兰妮在宣传影片中佩戴Hello Kitty的珠宝引起了强烈的反响。2006年Twitter问世，连原本只在大学生之间会使用的Facebook，也向大众公开了。

大家对其宣传影片给予了"好可爱"的评价，并非因为用户之间口耳相传才传播出去，而是因为有了媒体和网络的传播，才等来了能够靠网络发扬光大的时代。再者，当大家致力于拿到营业执照并开始积极发展品牌合作的这段时间，在亚洲和欧美的女孩子之间，常常对Kitty发出"可爱"的评价，最后全世界许多女生都开始大声欢呼着"kawaii"了。当然，这并非我一个人的功劳。三丽鸥的理念"礼物传递真情"，在全世界逐渐有了无法动摇的高人气，最后得以通过完美的团队创造出新的事业。

关于"你被安排的工作"，就算表面看起来与整体工作毫无关系，事实上还是有关联的，这时你只要训练自己把工作的目的分成两项就行了。依我个人来看，我会从下面两个方向思考自己的工作目的：

"现在的工作目的，等同于在美国负责产品销售业务。"

"公司安排我做这个工作，是因为国内的成长已经饱和，才想要在美国发展事业。"

换句话说，我本身关于"在美国负责产品销售业务"的这份工作，就是"在美国发展事业"的意思，其最终目的在于让整个企业有大幅度的成长。

当你了解这个脉络之后，请试着思考："为了达成这个远大目标，最有效果的策略是什么？"

我希望大家不要只看到"被安排的工作"，要去思考这项工作和整体工作有什么关联，以养成着眼于大局面的视野。

工作技巧训练 10 | 能够想出大量创新提案者的思考模式

每当我看到美国西岸那些创业者，都会很憧憬他们散发的光芒。在美国长大的我，思想方面还不属于保守派，但跟他们比还是差得远了。

创业者的光芒来自"如果没有成功，还有下一次"的态度。当投入一笔可观的资金建立新事业的时候，人们都会因为害怕失败而小心谨慎。有很多人会有"如果失败了怎么办"的不安，最后连尝试都不敢就放弃了。然而说到硅谷的创业者，很多人的思考模式都是"如果这次不行，下次再用其他的方法就好了"。就算没有办法一下子达到这般境界也无妨，但如果让你做一份没有人安排你做的运营计划，你能够做到吗？

又或者在今天上司要你写出一份企划书时，你可以认真一些，不要总是在最后期限交出来吗？

第 2 章
学习到哪里都能用的思考方式

　　企划、策略、计划，所有的构想都是"比起质量，次数更为重要"。只有天才才能够一开始就在脑海中形成一个完美构想。我们普通人只能一点一点地想，向周围的人提出之后，再慢慢地把它打磨到最好。请不要觉得不好意思、不要太过谨慎，比起质量，请以增加打磨的次数为目标。

　　另外，"企划没办法顺利进行，好像出现瓶颈"时，不要老是想找出一两个正确答案，说着"原因就在这里"，而是提出许多建议，才能更快地解决问题。虽然你一个人也可以做到，不过两三个人一起提出建议，数量才会慢慢增加。

工作技巧训练 11 | 提出意见的三个具体步骤

接下来,我们谈谈提出意见时的三个具体步骤。

① 写出脑海中随机想到的事情

大家常常会说,"如果要随机想出 100 个提案,应该没什么问题"。然而,当有人突然告诉你"请写出 100 个新的运营企划方案",此时就能立即区分能够马上顺畅写下来的人和做不到的人。大部分的人只能写 10 ～ 20 个,就卡住了。

这时你不用先决定主题,而是把脑海中所想到的一切词汇记录下来,就算和商业没有什么关系也无所谓。就我来说,基本上我会用手写,写在笔记本或手边的纸上,不过我觉得利用手机和电脑也是好主意。内容可以写得乱七八糟,像是你某一

第 2 章
学习到哪里都能用的思考方式

天的随手笔记那种，例如以下的摘要：

Pokemon Go/Qaesar 和 Update/VR 向的角色 / 沃尔玛和玩具反斗城的店铺观察 / 八月和布莱恩见面 /You need to believe that justice will prevail/ 公司治理 / 超短篇型影像内容 / 菊地先生 / 用低工业技术可以扩张的商业活动 / 中国电影投资 / 元物产的前川先生

② 用数据分类写出来的事项

重新看一遍自己所写的条列式内容，用数据区分成类似的、非类似的和其他事项等，不断反复这个动作会让你的分类更精细。比如，大概会有以下的形式：

【商业】Pokemon Go/VR 向的角色 / 超短篇型影像内容 / 用低工业技术可以扩张的商业活动 / 中国电影投资

【人】Qaesar 和 Update/ 八月和布莱恩见面 / 菊地先生 / 元物产的前川先生

【其他】沃尔玛和玩具反斗城的店铺观察 /You need to believe that justice will prevail/ 公司治理

③ 根据各类别添加条列式标注

比如，你的类别是"商业、人、其他"这 3 种，这时就可

039

以根据各个类别把能想到的事情添加上去：

【商业】Pokemon Go/VR 向的角色 / 超短篇型影像内容 / 用低工业技术可以扩张的商业活动 / 中国电影投资 /A 公司的角色策略 / 是否可以用 VR 开发新的角色 / 钥匙、铁钉、树脂软管等业界的革新

【人】Qaesar 和 Update/ 八月和布莱恩见面 / 菊地先生 / 元物产的前川先生 / 在 LA 有和 Y 先生一起合作的业务 / 和 NY 的 David 交换意见 / 和服装界的交流聚会

【其他】沃尔玛和玩具反斗城的店铺观察 /You need to believe that justice will prevail/ 公司治理 /C 商品的上架策略 / Leadership 研修制度 / 重新检查预算策略的计划

　　只要反复进行这个动作，比起你拿着白纸和笔，振振有词地说着"应该能写出 100 个提案吧"，能有更多的巧思。另外，无论是白纸还是电子设备，只要用文字来思考，就可以把脑海中所想的东西罗列出来，心里会感到轻松许多。

　　只是在脑海中想的话，很多事情会在不知不觉中忘记，因此我在想到什么的时候，都会立刻写下来，变成可以看得见的东西。即使是很无聊的事情，乍看之下和工作没什么关联，只要是我想到的，第一时间就是试着把它们写出来。

工作技巧训练 **12** | **通过组合和分解
提高构想质量**

如果你已经把脑海中所想的事情随手写了下来，那就可以试着组合你的构想。前面所说的案例是我实际写过的笔记，为了让情况更单纯，我就用零食来举例。

① 通过组合增加构想

比如，假设你眼前有"板块巧克力、仙贝、杏仁饼干"。当你要吃这3种东西中的1种时，你的选择会有3种：
- 吃板块巧克力。
- 吃仙贝。
- 吃杏仁饼干。

然而若你把其中两种组合起来,就会增加 3 种选择:
- 吃板块巧克力＋仙贝。
- 吃板块巧克力＋杏仁饼干。
- 吃仙贝＋杏仁饼干。

另外,你还可以追加以下选择:
- 全部都吃。
- 什么都不要吃。

突然要你想出 100 个提案也许会有点卡壳,不过这时候只要把想法稍微转换一下——组合起来,事情就变得简单了。

② 把一个要素分解成更精细的要素

接着,我们试着思考看看是否可以把一个提案再分解得更细。
- 把板块巧克力分成 12 片→12 种。
- 把仙贝独立包装,一袋装 2 个→2 种。
- 把杏仁饼干分成杏仁与饼干分别来吃→2 种。

像这样，只要把板块巧克力、仙贝和杏仁饼干的组成要素分得更细化，选择就会增多。在这个案例中，我只是简单地把"仙贝分成一袋两个"来说明，实际上在售卖的时候，我们必须要用"配送人员、定价、内容物、系统、服务内容、时间"来分解成更复杂且精细的要素。

有没有做"分解"这个动作，会在很大程度上影响你的提案质量。如果你已经习惯自己一个人提出很多构想，并进行分解的训练，接下来就试着和他人一起做做看。

你自己也许只想出了"板块巧克力、仙贝、杏仁饼干"这3个提议之后就卡壳了，如果有了别的伙伴，只要他随口说一句"我带了口香糖来"，加入了一个新的提议，你的选择就会增加。另外，如果对方说"我带了饭团来"，出现了不属于零食类别中的选项，你也可以试着思考全新的组合。

如同上述所说，自己想不出新的提议时，就是跟别人合作的最佳时机。我是属于喜欢思考组合不同提议而不觉得辛苦的人，但是每个人的情况不同，应该有人属于"虽然很擅长出主意，但却想不出把这些主意组合起来的版本"的类型，当然也会有相反的情况。

如果你能够知道自己的擅长之处，就能在工作中更有效地与他人合作。

工作技巧训练 13 | 让你时刻都能下达正确决策的"分解法"

若你可以深刻理解组合和分解这些思考模式，当你在进行商业上的一些重要决策时就会有所帮助。让我们来做一些实用的训练。

在这里，我们就试着用比较简单的例子来思考：

这周末，要去镰仓，还是箱根呢？

假设你现在正跟友人或恋人谈论着这样的话题，如此一来，你的选择就只有两种：

去镰仓的话，就可以在美丽的街道上散步了！

箱根这个时候的枫叶正漂亮呢！

如果多聊一些镰仓和箱根的事，就会永远得不出结论，这时我们必须将每个选项进行分解：
- 在镰仓可以做的事→享受古都般的街道／吃好吃的东西／在海边散步／买镰仓蔬菜
- 在箱根可以做的事→泡温泉／赏枫叶／吃好吃的东西／爬登山铁道／去美术馆／买梅干

从通过分解后所得出的选项中选出想要做的事情，比起含糊地讨论"哪个比较好"要容易做出决定。

比如，如果"泡温泉"是你无论如何都不能舍弃的第一选项，那么就"去箱根"吧。若你的第一选项为"吃好吃的东西"，无论去镰仓或箱根都可以做到，就用第二名的选项来做决定。假设你第二件想做的事情是"看海"，那么就"去镰仓"吧。另外，把第一选项"吃好吃的东西"再进行分解之后，发现自己"无论如何都要吃天妇罗"，就选择有好吃的天妇罗并容易预约的地方。

从周末想去哪里到选择公司、做人生中重要的决策，这个方法都极为有效，因此我建议你可以在日常生活中就开始训练。

工作技巧训练 14 | 善用知识时也不可或缺的想象力

有会计知识、会英文、很熟悉彼得·德鲁克（Peter Ferdinand Drucker）和迈克尔·波特（Michael Eugene Porter）的事情……要把这些特长和知识运用在你的工作中，就要发挥想象力。

我认为如果没有想象力作为基础，你没办法学到丰富的知识和技术。不论营销和经营、人事与企划、医生、教师，还是家庭主妇，任何人做任何工作，都必须要用到想象力。试着想象看看吧！反复做这个动作，就能提升自己的想象力。

不管是公司既定的体制还是结构，一定存在着你所听过的方法论。要把这些从"脑海中所知道的事物"转变成"像手脚一般能够运用的事物"，你必须要做一些训练。请反复进行下面两个步骤的训练。

第 2 章
学习到哪里都能用的思考方式

① 想象在什么场合可以运用自己的知识

试着想象"如果是由自己来做这份工作会如何",尽可能描绘得切合实际一点。这和运动员做的想象训练有点类似,正因为有想象,才会为了实现想象中的目标而努力,最终才有可能参加各种大型比赛。

比如,虽然你可能还没有被安排过掌控着公司命运的企划,不过请尽可能运用学到的方法进行具体的想象,并且融入自己做报告时的样子,如果你预先想到可能会遇到的麻烦和课题,那就更好了。

② 总之,先尝试看看

做不到像大师级一般也没有关系。对你来说,更重要的是要知道如何运用知识。无论是体制、策略还是商业公式,试着把自己还一知半解的知识实际运用到工作中。这和你在打棒球、网球、高尔夫球等运动时,要想办法把挥杆(拍)姿势练到跟大师相同的过程一样。

首先你要学习,想象姿势,然后再慢慢尝试。不可能一开始就顺利地让球飞得很远,所以调整握杆(拍)的方法和姿势后,必须再尝试一次。只要反复进行这个动作,最后这姿势就会变成你的姿势。当你不断累积"原来这样就可以让球飞起来啊"这种小小的感动,自然就能够学到技巧了。

工作技巧训练 15 | 如果 Hello Kitty 变成方形的会怎样

当我在三丽鸥进行研讨会或演讲的时候，常常会出一些问题考大家，例如："Hello Kitty 的体重大概多少公斤？"出人意料的是，有不少人知道正确答案。我也会问关于身高的问题，但这个问题比较难，有人答得出，有人答不出。

"体重是 3 个苹果，身高是 5 个苹果。答对的人，我会把 Hello Kitty 的铅笔送给你。"每当我说着这句话并送出铅笔时，对方都会露出笑容。"虽然回答不正确，但就当成我送你的礼物吧！"如果这么一讲，对方就会又多一些笑容。

这时我会接着说："'Small Gift Big Smile. 用小小的礼物换取笑容，培养友情。'这是三丽鸥的企业理念。请大家遵照这个理念，现在借这个小小的礼物展开笑容吧。"

这原本是由我助手开始执行的一种送礼物方式，用这种方

第 2 章
学习到哪里都能用的思考方式

法,比起口头和以简报说明"三丽鸥的企业理念是 Small Gift Big Smile",更能让人体会到实实在在的理念。

让人有同感、赞同你,并与他人分享。如果你可以在短时间内做到这件事,可以说你的报告和提案基本上就算成功了。对一个商务人士来说,构想这种东西并非在自己脑海中"想到一个好主意"就可以结束了,必须要和别人一起把构想落地,并改良到更好。若你能够让上司有同感,并做出一个实例让别人赞同你,再进而分享给消费者,就能引起话题。

因此,假如你要说明一项提案,请尽可能将其可视化。当你把想法变成一种亲身感受时,人们就能够更深切地理解那个提案了。比如,你在说明"三丽鸥正致力于设计创新"的时候,就可以提出"如果把 Hello Kitty 变成方形,你们认为如何"这个问题。这时几乎所有人的反应会是:"不,这行不通吧!正因为有那个圆脸,Kitty 才会是 Kitty 啊!"

然而,实际上看到方形的 Kitty 后,每个人都非常惊讶。例如在封面上印着蝴蝶结、眼睛、鼻子、触须的一本白色笔记本。虽然没有耳朵,蝴蝶结是黄色,而衣服是绿色的,这让参与研讨会的人看到这项产品时,一目了然:"啊,原来还有这样的 Kitty 啊!"

在那之后,你就可以说出以下这段话:"如果哆啦 A 梦是红色且方形的话,就不是哆啦 A 梦了。然而 Kitty 就算外观和颜色改变,只要有眼睛、鼻子、触须、蝴蝶结,就可以知道她是Kitty。正因如此,我们就可以和其他角色合作,而各国设计也得以成立,这也是授权事业成功的主要原因。"因为有了前面的例子,大家会很容易理解你所表达的内容。

比起从头开始说明,利用视觉让大家有真实感受的方法效果更好。设计师和建筑师在阐述他们的试验品和模型时,就是利用了这种效果。身边更常出现的例子,则是当你说明和数字有关的事物时,有某种视觉上的东西,如图表,或与参考物作出比较时,比起你口头上讲"我们已经达成了95%的目标",会更容易令人理解。

用视觉传递想法的办法就是让人瞬间理解,缩短你的说明过程。我们现在已经很习惯看一些短信,例如当你在浏览某新闻网页时,如果第一行看起来无趣,你就不会看下去。

在日本电车中的广告基本上只能出现15～30秒。如果呈现的时间很短,你首先要知道"没有办法传达所有的构想"。例如你想要说明一个"好的洗发水",就算你希望把成分、香料、效能、包装程度等信息全部告诉大家,最后也没办法完全传达给对方。这时你就要从绞尽脑汁想出来的构想中找出"最想传达者"或"对方诉求最高者"。只要去认真看广告,你就能明白其中的道理了。

若你没有选择"最想传达者",而是选择了"对方诉求最高

第 2 章
学习到哪里都能用的思考方式

者",你就必须要很了解对方,并有能够站在对方立场思考问题的想象力。若没有打好这个基础,就算你呈现再好的视觉感,最后的效果也只会事倍功半。

总而言之,关于构想,无论在产生还是传达时,思考并进行想象的过程都是不可或缺的。

工作技巧训练 16 | 减少工作失误的过程诊断

不管有多忙碌，你都不应该只注意"现在"这个瞬间，而是要重新审查整个过程。

比如，你现在正与顾客进行交易。此时你的流程不能只有"推荐商品→洽谈成立→接受订单→交付→确认金额"这么简单。一般来说，你必须要进行更详细的沟通和确认。事实上，在贸易公司中，从推荐商品到洽谈成功、接受订货到交付，都有非常多的手续，哪怕只是在过程中省去某个步骤，你都无法完成整个程序，这在任何工作中都是一样的。

当我还在贸易公司工作时，为了不犯错，常常会确认各程序的相关工作。

比如，就算我的最终目标是把产品卖给 C 公司，也会在交易过程中设定好几个小目标并不断检查。

下面就简要说明一下：

"从 A 公司原物料进货时的付款、收货工作"为第一次检查。

"把原料配送给 B 公司的时候，要确认 B 公司的付款金额"为第二次检查。

"从 B 公司生产的商品中赚取佣金，卖给 C 公司，进行资金回收"为第三次检查。

大致来说，即使要处理的手续只有一个，例如"我的工作是要卖东西给 C 公司，因此我要从 C 公司那里拿到大量订单"的情况下，如果当时刚好处于"发生大灾害，导致无法从 A 公司进原料，生产停摆"的时期，而你的交货期限又订得太过严苛，就很可能会交易失败。

又或者你自以为"由于现在太过忙碌，就算进原料的时间晚一点也没关系"的话，位于生产线的 B 公司，在这段时间就会因为缺原料无法工作而出现损失。这些都是连锁效应，影响的不仅仅是自己，还有可能给相关的环节添麻烦。

请你务必要了解完整的过程，训练自己不断思考"接下来的过程是什么""自己什么时候要交接给谁"等问题。如果你已经有一份既有的检查清单却搁置不用，而总是说着"我想要用 Excel 做一份既漂亮，大家又很容易使用的清单"，然后又从来不真正去做，那就是本末倒置。而且在真的很忙碌，工作又繁杂的时候，应该也没有这种闲工夫。

就算你从今天开始，利用训练工作技巧的时间做出行程笔记和检查清单，也称不上正确。就手写笔记而言，即使正在工作中，也可以抽空把它写完。当你发现"啊，这个过程好像被省略了"的时候，再补充上去就可以。我就是因为经常做这个笔记，才避免了很多突发事件中的重大失误。如果你已经习惯了检查过程的相关训练，接着来谈谈"大石头"的道理。

我们常常会需要在有限空间里放入许多东西，就像在一个桶里必须放入石头、沙子和水一样。你可以先在水桶中放入石头，接着放沙子，最后倒入水，这样水分会从沙子的细小缝隙渗透进去。但如果反过来，先加水，光是水就会把整个水桶装满，根本就放不下沙子和石头。其他事情也一样，假如先从细小的东西开始放，就没有办法放入更大的东西。

因此当你在考虑事项的优先顺序时，就把它想象成这个有石头、沙子和水的水桶。找出其中最为重要的"大石头"，先把它放进水桶里，然后再分配沙子和水。反之，如果你认为"这个过程怎么样都好"，那就把大石头拿出来吧。

当你真的认为"不行，麻烦了"的时候，想要从小地方开始修正以改善状况，但那很难办到。要是你无法下定决心从最大的地方开始改变，只会白白浪费精力，最终却没有任何成果，那就真的很可惜。

要放弃"大石头"需要洞察力与决断力，更需要勇气。想要提高这些能力，每天进行从基础来审视整体的训练会很有效。

工作技巧训练 17 | 制作关系图可以让人际关系更顺利

要想成为无论身处什么时代、到哪里都可以把工作做好的人，策略性思考能力是不可或缺的。

策略性思考能力是指，为了能在工作上取得成果，而思考接下来应该采取什么措施的能力。

无论是足球还是橄榄球，如果教练想要带大家参加比赛，就必须考虑到团队中每一个人的情况。当然，人际交往中难免会带有个人情绪，大家都是权衡利弊后再行动，但我认为在职场上，很多时候要冷静、理智地思考问题。正因为我们很容易感情用事，才特别有必要掌握人际关系的策略性思考方法。

我很喜欢看日本连续剧和美国喜剧，就算到海外出差也不想错过，这对我来说，是个能让自己放松的必需娱乐。在观看戏剧的时候，我脑海中一定会浮现人际关系图。

第 2 章
学习到哪里都能用的思考方式

比如，女主角和 A 君两情相悦，但有一个单恋女主角的 B 君存在，而 B 君的妹妹 C 小姐是女主角的同事，同时也是竞争对手。女主角公司的部长又对 C 小姐纠缠不清……我会把登场人物之间画上爱心符号与有双箭头的实线，或是写上"单恋中"然后画上虚线的箭头等。如果你能用这样的关系图试着表示自己身边人物的关系，就会有意外的发现。

例如，你的部门中有一个经理、一组和二组的主管，两个主管下面又各分成三个团队，每个团队中有一个领导者和四个成员，而你是其中一个团队的领导者。虽然这样写出来不过是个组织图，但只要再把这些人进行分类，就会变成关系图了。

你加了一些注解，这也是你确认人与人之间友好程度和公司内部作业方法的手段之一。此时你想要达成目标，就必须知道每个人的行为模式、与谁合作最有效果等，然后制订出策略。

比起经理，关键人物应该是两位主管。在六个团队领导人之中，那个人和这个人是同时入职的，而且感情很好，也有共同客户，属于合作关系。这么一来，我必须要先去说服其中一个人。说到这个团队，比起他们的直属上司，我直接和经理谈话应该会比较好。

057

比如，你以关系图为基础，"想要让主管认同这次的售卖活动"时，如果直接找主管谈不会顺利，你可以使用"询问从广告部转移到其他团队的人，重新拟定计划"的策略。

另外，你还可以考虑"在这个部门中，主管们的关系都很好。如果说采用两个团队合作举办活动的方式，说不定就可以说服两个主管了"等计划。做出这样的关系图，就可以掌握正在进行的策略中，谁才是关键所在。

制作关系图会有下面3种效果：

①可以策略性地掌握人际关系。

②可以用客观视角看待人际关系。

③组织上的"死角"会消失。

前面两点就如同字面上说明的那样。通常当我处于业务无法顺利进行的时期，我都会制作关系图，这能够带给我①和②的效果。而③可以帮你确认是否忽略了某人、是否搞错了需要合作的人，以及是否有像"黑马"一样突然出现的人等。

当你是以组织形态进行计划时，信息共享就显得极为重要。由于公司组织是一种纵向概念，不太会遗漏向上级的报告及给下属的指示等，然而大家却常常忽略横向与斜向的报告。

比如，那时我还在三丽鸥，当美国和欧洲国家的法人想要执行新的营销计划时，其实只要得到我的批准，工作就可以开始进行，而这很容易产生问题。通常来说，"取得上司批准就可以了"的想法并没有错，但实际参与的部门却会因不知情而耽误其他很多重要的事。诸如经理部不知晓、告知法务处的时间太晚、亚洲的伙伴并不知情……如果发生这些情况，就会导致"无法准备出大量外汇""合同来不及签""在亚洲发生了某些状况"等问题的发生。无论你说多少次"负责人都同意了"，还是不能保证事情能够顺利进行。

横向沟通虽然常常会被忽略，但请记住这就是造成计划无法顺利进行的原因之一。特别是当工作重要程度增加时，随着职级往上升，就会有越来越多横向和斜向的沟通要进行。你必须要求自己要有能够一边追求成果，一边顾虑旁人行动的技巧。

不仅是公司内部，如果你试着做出和客户之间的关系图也能让你有所收获。假设你的客户是家大企业，你也应该和其他竞争公司合作。比起独占资源，寻求共同生存也许更能提高业绩。

在这里希望你特别注意一点，该关系图可能会因为时机而成为一个危险的机密资料。我建议在你用手写下来之后，请立刻记在脑海中，然后尽快把纸本内容处理掉。

工作技巧训练 18 | 有能力的领导者要从哪一点评断下属

在三丽鸥，我有许多机会和其他国家的人一起共事，因此会感受到各个国家的国民性。和我沟通最密切的是伦敦的负责人，一天之中我会和他传好几十封邮件，如果出现什么情况，他也会立刻打电话给我。由于联络密切，沟通上也很顺畅，伦敦公司所提出的营销企划 A 就变成我们第一个审核的方案。

与他形成鲜明对比的是米兰的负责人。身为意大利人的米兰负责人，每个月都要经过询问才会发报告给我们，再加上 A 方案早就已经通过审核，最后他只好说："那在米兰也采用 A 方案好了。"

另外，负责管理与后勤工作的德国汉堡负责人和意大利米兰负责人不同。他说："我明明希望可以在严密审核过 A 方案与 B 方案之后和大家讨论的，没想到方案都已经决定了。这是什

第 2 章
学习到哪里都能用的思考方式

么意思？"就像这样，沟通频率高的伦敦负责人会更容易影响到商务讨论的结果，而这种情况经常发生。

每当我讲到这个案例，都会有人说："想要让自己的提案通过，最好的策略还是密切联络。"然而我认为，如果只靠沟通频率和技巧，这和双刃剑没什么两样。沟通频率和技巧是重要的能力，但并非全部。

比如，某负责人沟通能力强，能够快速推动业务进行，却有可能忽略很多事情。换句话说，常常进行联络的人并非很有能力的人，他只是疏忽了要"经过仔细调查后才提案"的这种沟通形式。如果只重视沟通频率和技巧而忽略这件事，就不能判断其真正的工作能力。

人类本就很容易相信接触得多的人和亲近的人，无论对方是上司还是下属，为了有策略地进行工作，我们要用工作的完成质量而不是沟通频率来评断他人。

假设你是上司，消除偏见的其中一个方法就是在判断的时候问自己："最终结果会不会全都变成自己的责任。"

在日本，领导者和下属是一个整体，虽然是以大家的意思为基础工作，但当无法顺利往下进行时，大多数情况都会算作下属的责任。这对下属来说是一个很没有道理的制度。

关于这点，在欧洲国家和美国，上司会把决定好的事清楚地分配给部下去执行，如果进展不顺利，责任会全部归咎到上司身上，部下是不会被责骂的。以前的我认为：所谓领导者的义务，是要在分析事情后做出合理的判断，并让部下执行。从这一点来看，欧美的方式比较好。然而几年后，我的认知改变了。

其原因是，不管你进行了多精密的分析、做出多合理且多好的判断，也不能保证一定会得到相应的结果。即使你为了执行最好的判断而付诸大量行动，如果中途发生意外，状况会根据相关人士的考量而改变方向。这么一来，比起"做什么决断""带领大家走向目标"才应该是所谓的领导能力。

在发挥这样的领导能力时，首先要有自己的目标，并将其传达给别人，让大家协力合作，也正因如此，沟通才会显得如此重要。所以，如果你只抓住了表面上的"良好沟通"，最终事情可能会变得很危险。

沟通的方式因人而异。"这种方式就是良好的沟通"并非是正确的答案，也没有所谓"沟通技巧高的人代表他的工作能力强"的法则。就算你不是处于上司的立场，也不要片面断定"沟通"这件事情，我建议你迈出一步，用更广阔的视野来看整体。

工作技巧训练 19 | 能够打动人心的决定性发言

每当看连续剧的时候，我都会发现在商学院时没有人教过我的策略，那就是能够打动人心的决定性发言。很少有"一句话就能打动对方的心"这种强大力量的词汇，然而很多时候，我们面临的状况却是非讲这些话不可。

说到"想要做某些大事""想要改变这里的流程"时，如果能够在对方心中留下一些印象深刻的话，你成功的概率就会更大。但是想即兴讲出决定性的关键字，你必须要有特殊才能并找出好时机才有可能做到。为了找出关键字，我会事先准备好有策略的决定性发言，接下来就让我介绍一下重点吧！

① 接触不同的故事

要"在发言前的1小时内临时思考决定性的发言"是不可能成功的。你必须从日常生活做起，一次花1小时看连续剧当作消磨时间，经年累月地训练，才能培养出自己的发言能力。如果你对连续剧没有兴趣，看电影、漫画、小说或许也不错。通过这些故事，你会学习到如何说出打动人心的发言。

对于忙碌的我们来说，很容易集中精神在与工作有直接关联的新闻、文件或商业书籍上，然而当你触及一些与现实有差距的故事时，感性的开关就会被打开。

如果你很难把感情放进像大学生恋爱故事或婆媳问题等，看起来和工作完全没有关联性的连续剧上，这时你不妨选择以商业为主题的故事或是悬疑剧。

② 事先准备好决定性台词的证据

我们很难把从连续剧中学到的台词不加修饰地拿出来使用。比如，很少有公司领导者会不经思考地喊出"加倍奉还"这句话。

另外，你如果也想参考连续剧想出同样有影响力的台词，就必须在表达方面具备超乎常人的才能，这并非每个人都能拥

第 2 章
学习到哪里都能用的思考方式

有的。而我们都能做到的事情,就是从实际的工作中找出能够给人留下印象的决定性台词。在这里,我以自己的经验为例介绍给大家。

2008年作为美国法人运营长进入三丽鸥公司的我,在没有任何人委托的情况下,思考了关于"公司必须要有一个全面的战略",并制订出营业计划,三个月后我就拿到欧洲的营业执照,并成立了其他公司。

我用同样的方法于2009年制订了一个中期经营战略,比我年长的执行长们在我前面坐成一排问道:"为什么战略是由这个年轻人提出来的?"很明显他们对此抱有敌对的态度。因为这是他们花心血建立起来的公司,他们会这么想也是无可非议的。

正因如此,我已经想好了具有影响力的台词。如果他们当时没有说"这样下去不行"而否定我的运营战略,我恐怕就被当成"只会纸上谈兵的家伙",然后就这么结束发言,而我当时提出了5个中期运营战略的方案。

我以"我想出了A到E这5个方案"的方式开头,依序说明了各个方案,我希望他们可以用投票表决来决定想要的选项,因此解说完以后,我请求他们给予一些反馈。结果,虽然有赞成我的人,但大部分的人都反对我。

当他们反对我时,我是这么说的:"事实上,A方案到E方案都是我从三丽鸥网站上找到的，是大家过去所制订的中期经营战略。如果各位认为全部都不行，现在不就是必须制订新战略的时机吗？"这么一说，他们才注意到做出这些被拒绝的"不像话"提案之人，竟是他们自己，甚至连刚才他们指责了什么内容都不记得了。这就是我为了让他们下定决心制订新的中期经营战略所准备好的"决定性台词"。就因为我仔细看过网站，搜集好"这样下去不行"的证据，才敢说出这些话。

语言本身没有什么影响力，甚至是个很平凡的东西。如果我没有事先做准备就贸然提出中期经营战略，无论内容再好、准备了多么有影响力的台词，根本就不会有人听我说话。如果你没有办法让大家把状况当成是自己的事情，使其深刻体会，就什么都不会开始。正是因为知道这个道理，才必须要采用大胆的手段。

但需要注意的是你不能做得太过了，不然气势可能会过于强烈，而增加被对方讨厌的风险。你必须事先想好，这些话会以怎样的形式在对方心里留下多少分量，并准备妥当后再做决定。"接触新故事的1小时训练"就会像重击一般，带来很大的效果。

每个人的接受方式都不一样，如果没有办法准备一个绝对会奏效的关键性发言，就会根据各个场合仔细思考，是我至今为止一直努力在做的事。

第 2 章
学习到哪里都能用的思考方式

★ 1 分钟概要——第 2 章的检查清单

○ 你接着想做的运营策略是什么呢?

○ 通过决策训练决定好的事情是什么?

○ 你了解工作的过程吗?

○ 现在工作中的关键人物是谁?

○ 你找出了什么样的决定性台词?

第 3 章

养成市场洞察力

如果养成用"数字"判断的习惯,
就能够看到市场真正的面貌。
只凭印象、凭感觉认为"好像很畅销""好像很流行",
就无法看清市场的真面貌。
在本章,为了更好地掌握市场的情况,
就让我们来进行"数字能力"的训练吧!

工作技巧训练 20 | 不要凭感觉，养成用数字思考的习惯

"A 果汁和 B 茶，哪个比较畅销呢？"前几天在酒会上，出现了这样一个话题。

有人认为是 B 茶。"B 茶很不错，无论面向哪个年龄层都卖得很好，每家超市和售卖机都在卖，我认为绝对比 A 果汁畅销。"周围的人一边说着"哦，好像真的是这样的"，一边表示赞同。然而我却提出"不会吧，A 果汁卖得很好"的意见，表示是 A 果汁更畅销。

我们经常会轻松地谈论"话说 ×× 卖得很好""×× 现在人气第一名"之类的话题。然而这些结论大多都只是来自"因为喜欢""广告很有趣""大家不都在买吗？"等感觉。如果能够进一步考察，你就会培养出商业上的必修科目——市场洞察

力。如果你可以从众多信息中找出事实，并看清事实背后的法则与动向，就一定会对你的工作有所帮助。

本章将介绍信息的处理方法和市场营销的训练，就让我们用清凉饮料举例来介绍吧。

大部分的超市都在销售A果汁和B茶，在很多商业街上，我们会看到B茶的销售状况比较好。但真的是B茶比A果汁卖得好吗？我们来试着看一下流通网络是怎么形成的。

说到果汁和茶的销售途径，我们首先想到的是超市和自动售卖机，不过绝对不仅如此。在快餐店和家庭餐厅，也可以看到这些饮料。让我们试着深入去了解这种容易被忽略到的隐藏销售渠道。

根据2013年的数据，汉堡连锁店的店铺数量为5434家。而店铺数量第一名的麦当劳3146家，第二名的摩斯汉堡1414家，第三名的乐天利391家。从店铺数量来看，有非常大的差距，而且麦当劳的店铺数量几乎占了整个汉堡连锁店六成的比例。

另外，根据2015年的数据，Mister Donut有1316家，肯德基有1155家。如果通过全部的快餐连锁店的销售渠道来观察，你就会发现只看超市的流通量是不正确的。

同样的道理，我们再来看一下家庭餐厅。根据2015年的数据显示店铺数量第一名为 Gast 有 2015 家，第二名为萨利亚有 1381 家、第三名为 COCO'S 有 569 家……如上所述，分别把数量都调查出来。当查出流通店铺的数量以后，你可能会得出以下信息：

快餐店 + 家庭餐厅的比较

使用 A 果汁的店→ 7129 家

使用 B 茶的店→ 3715 家

看到这些数字，你觉得如何呢？

当你看到某一家店铺之中，B 茶卖得比较好，可能会认为："B 茶真畅销！"这只是你把焦点放在了局部上，所产生的印象而已，如果能够用调查后的数字呈现出来，就会发现跟实际的市场份额有非常大的差异。

另外，超市的货架上竞争也非常激烈。比如，当你决定买瓶饮料时，你可能会无意识地将水进行分类，即茶、水、碳酸饮料，而你也会根据这个分类来进行选择。换句话说，当你因为想要买茶而决定好类别时，就会开始思考"我应该要买哪种"然后选择牌子。

在清凉饮料之中，茶的类别有好几十种，竞争非常激烈。

另外，虽然果汁也有各式各样的类别，不过和茶比起来就没有那么多的品牌了。这么想的话，在超市上架商品时，果汁似乎会比茶有利。因此，我们可以假设"茶比果汁还要畅销的说法是不是骗人的"。

此时的重点并不是通过调查找到正确答案，而是当你在思考这类问题时，必须考虑多个因素，例如"在快餐店的情况如何""在家庭餐厅又是如何""类别的多少又会带来什么影响"等。

比如，如果把茶用营销策略中的"4P"（Product, Price, Place, Promotion）进行分解，会怎么样？一般情况下，这是一个很好的切入点。你也应该要有"××之所以会畅销，到底是什么吸引了顾客"这种从顾客需求的角度出发，思考"是价格、广告还是产品本身"的能力。另外，你也可以计算一下成本，也许会发现一些意料之外的信息。

要想养成用"数字"而不是凭感觉来思考问题的习惯，可以通过上述清凉饮料案例来训练，你就可以不再只凭感觉来判断事物，而是用数字来判断。若你能够用数字来掌握事情，你"感觉"的准确度也会越来越高。

工作技巧训练 21 | 学习用数字思考的计算训练

进行思考的时候，有些人会使用数字，有些人不会。还有很多人会有"因为我是学文科的，所以对数字不敏感"的想法。

我是属于很喜欢思考"这到底是怎么回事"，然后把事情一一分解后摆在眼前再说明的类型，所以我经常会动手计算。我认为，如果想要具体掌握市场的动态和工作上的状况，数字是非常方便的工具之一。

特别是当你要做一个很重大的决策时，有没有利用数字进行简单的计算，会大大影响你判断时的难易程度和准确性。为了避免只凭感觉决定好或不好，根据气氛判断正确与否，我们就需要训练自己利用数字来掌握整体状况的能力。

第 3 章
养成市场洞察力

训练① 计算午餐和水

现在大家都非常珍惜资源，为了抑制温室效应，大家也都很注意不过度使用电器。但是很少有人会想到我们平常吃的食物也和地球环境有所关联。

比如，我们身边随手取得的水，也被认为是正在消失的宝贵资源之一。事实上，在制作某商品时，我们会试算水的质和量究竟会产生什么样的变化，并将其称之"水足迹"。

所谓的水足迹，以肉为例，即是指鸡、猪、牛从生下来之后所喝的水、饲料中所含的水、养育时要花费的水、加工时所使用的水等总量。另外，销售、烹饪的过程也一定会用到水。牛肉的用水量最大，大概为鸡肉的 3.5 倍。另外，制造一杯葡萄酒时所需的水量，会因为运输时用货车还是船，以及酒瓶上是否有颜色而有所不同。而培育葡萄时所使用的水，则取决于土壤与葡萄的关系，法国葡萄酒会比加州纳帕谷的葡萄酒用到的水要少一些。

只要通过网络，这些数据很快就可以查到，但其单位基本上都很大。为了真切地理解数字的含义，我们要试着将其计算成自己会吃进身体的量。由于这些都是不需要用到计算器就能算出来的数据，我们就来做做头脑体操，现在就拿起纸和笔来计算吧。

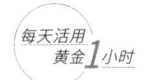

比如，如果网页上标示"生产1千克猪肉，需要用5988升的水"，那我们就试着将其换算成自己平时的食用量，例如计算"中午吃了猪排套餐，里脊一块为100克，需要用到的水约为599升。还有生菜、油、小麦粉、蛋……"这和计算热量类似，只要重复几次，你就可以了解到吃一餐会用多少水。重点在于不要只停留在"猪肉需要花5988升"这个数据上，而是要通过计算，才能有"是自己使用到的资源"的实际感受。

与其说"我们在生活饮食中会用到大量的水"，不如用确切的数字来想。"即使只计算午餐套餐中的猪排，也要用掉将近599升的水"这种想法会让你更加准确地掌握数据。只要不断地进行手动计算的训练，你就能够学习到用数字看待事物的思考能力。

水足迹的案例

牛肉	15415 升	马铃薯	287 升
猪肉	5988 升	小黄瓜	353 升
鸡肉	4325 升	苹果	822 升
面包	1608 升	香蕉	790 升
米	2497 升	杧果	1800 升
干面条	1849 升	橘子	560 升
鸡蛋	196 升	桃子	910 升

奶油	5553 升	花生	2782 升
奶酪	3178 升	砂糖	920 升
生菜	237 升	巧克力	17196 升
莴苣	237 升	牛奶	510 升
番茄	214 升	啤酒	148 升
玉米	1222 升	咖啡	928 升

（以上品项单位为 1 千克的量。牛奶、咖啡、啤酒为 500 毫升，鸡蛋为 1 个）

训练② 工作目标的计算

比如，你今年的销售目标为 1 亿日元，在第三季度结束时，你处于"缺少 30%"的状态，你会怎么看待这个数据呢？

"到结算为止还有三个月。为了在三个月内完成剩下的三成，我要努力加油！"这种方法是把数字套入思考里面，让你能够确实感受到。

"和去年第三季度结束时相比，我还少了 25%。真是糟糕啊！"这是把上一年度同月份的数字拿来比较的传统做法，虽然有必要，但就结果上来看还不够明确。最重要的是，你必须把自己的目标放在整体目标里面。

只要你就职于某家公司，就没有"自己的1亿日元的销售目标＝公司整体的销售目标"这种事情。公司整体的销售目标由各部门分担，部门整体的销售目标由每个员工分担。而为了达成部门的目标，每个人都应该努力。

公司整体的销售目标→30亿日元
你所属部门的销售目标→5亿日元
你的销售目标→1亿日元

如上所述，你所负担的是整个部门5亿日元中的1亿日元，同时也是公司整体30亿日元中的1亿日元。（此例以公司其他人100%完成销售目标为前提）

你的销售目标1亿日元中，还有30%未达成→缺少3000万日元

在部门销售目标5亿日元中，还少3000万日元→部门还有6%未达成

在公司整体的销售目标30亿日元中，还缺少3000万日元→公司整体还有1%未达成

第 3 章
养成市场洞察力

　　此案例很容易理解，结构也非常简单，而你知道自己未达成的部分在部门整体以及公司整体中，究竟占了多少比例吗？你能否讲出这件事，会大大影响你的商业意识。

　　虽然已经重复了多遍，计算也并不难，只要用笔就可以完成，重点在于要用数字来思考。无论是哪个行业、多么富有创造性的工作，都离不开数字的运用。

　　另外，数字是为了了解抽象事物而从远古时代使用到现在的工具。当你想要掌握复杂的工作时，运用数字思考的能力一定会发挥作用。

工作技巧训练 22 | 通过便利店陈列进行的营销训练

　　如果你是一名大学生，或者是允许有副业的年轻职员，当你想要寻找一份短期工作时，我的建议是便利店。由于是零售业，即使是打工，也有可能被安排做进货等相关工作，这绝对会是一个不错的营销技巧训练机会。

　　当我还是学生时，曾经在音像店、书店和便利店打过工，进入三菱商事以后，也负责过罗森的工作。在 21 世纪初期，食玩风潮刚起步时，我任职于罗森的休闲商品部门。当时我们除了万代、多美等既有的玩具公司销售渠道以外，也在寻求其他的销售渠道，因此与便利店合作尝试经营新的业务。于是开始出现了把钢弹和筋肉人的食物、玩具和饮料当成赠品的瓶盖。我们的目标为便利店的主要顾客，也就是三四十岁的大人。

第 3 章
养成市场洞察力

商品做好后,我们就必须要参加罗森的商品会议,向各店进行演示。根据商品的不同,有的店铺会全品种都采购上架,有的店铺则只会采购上架一部分商品。当然,如果推广给所有的店铺则是最好的,因此我们会很在意有多少店铺采购,也就是所谓的采购率。商品进入店铺后,实际的销售状况如何,我们也会一直关注"销售时点情报系统"(Point of sale;POS)。采购负责人会从发售日当天早上就开始追踪销售情况,并进行数据统计。

包括我所任职过的三丽鸥在内,几乎所有的零售业都引进了同样的系统,可以实时查看 POS,快速掌握整体数据,从这一点来看,便利店可以说是走在了前端。

和大多数便利店一样,罗森一直坚持"在有限的空间内严格挑选并摆放热销商品,努力将收率最大化"。即使是现在,只要我走进便利店,就会习惯性地检查商品的结构,这是了解市场所必须进行的营销技巧训练。为没有打算要去便利店打工的人,在此介绍一种可以在 5 分钟内就能完成的营销训练的要点。

进入便利店,找出"新发售的商品是什么""有没有限定合作和打折活动"等问题的答案,这也是一种训练,不过我们再深入一步来试着训练吧。

① 考虑货架上的总金额

如果是从顾客的角度来看，大多数人会把焦点放在"有什么饮料呢"这种"种类"上面，若重点是数字的话，就会看"这个茶多少钱"这种"单价"上面。不过接下来，就让我们把目标放在"这个货架上总共有多少本书"这种"存量"上吧。

说到便利店的饮料架，一般而言，会在前面摆满各个种类的饮料，而后面基本上会有5瓶左右。换句话说，假如一排共有5种饮料，那么这一排的存量就是25瓶（5×5）。

如果共有4个货架子，存量就会变成100瓶（25×4）。若一瓶饮料为150日元，则该货架上的总金额就会变成1.5万日元（150×100）。

② 考虑货架上的每月销售额

根据销售渠道和商品的状况会有所不同，假设以"一周内没有上架3次，就不能纳入计算"这个前提。

假设饮料货架一周内会上架3次（货架存量全部销售完），那么每周的销售额就是4.5万日元（15000×3），而每月的销售额就会变成4倍，即为18万日元。

③ 考虑全国货架上的每月销售额

如果该商品货架的情况在全国各个店铺都相同，则这家便利店连锁店的月销售额就是"18万日元 × 店铺数量"。这时我们再套入大型连锁店的数据来看看，会得出"18万日元 ×1万家店铺 =18亿日元"，若是两家连锁企业就会变成"18万日元 ×1万家店铺 ×2家连锁企业 =36亿日元"。由此，我们可以预测出此商品的潜在销售力。

我们不能只单纯地看到这到底是一个什么商品，而是要同时想象该商品的整体，也就是销售数量和销售额到底有多少。每小时只需要去几家便利店看看，就可以锻炼自己的营销能力。

工作技巧训练 23 | 锻炼可以洞察全世界的营销散步

如果突然有 1 小时的空闲时间，我常常会做一种叫"营销散步"的活动。

要是你的预约突然被取消，或会议提前结束时，请一定要到办公室外面走走。通过 1 小时的营销散步，锻炼自己看待市场的眼光。若你属于外勤人员，便可以利用"一天之中的空闲时间 20 分钟 ×3=1 小时营销散步"这个方法。

① 观看电车中的广告

在东京，电车的数量非常多，再加上区间短，只要你有 1 小时就可以搭乘电车出去转转。我想，乘坐电车通勤的人应该非常多。

第 3 章
养成市场洞察力

在乘坐电车时，我的乐趣就是观看车内广告。避开人流高峰时段，在移动的车里仔细观察，只要浏览各类杂志的标题，就能够感受到世界的大致变化。

当然，获取信息的方式有很多种，我习惯用电子版报纸和新闻 APP。从网络上获取信息虽然方便快捷，但那些与你需求无关的信息也会一并推送给你。

若是报纸，你可以在想要读的文章下面找到杂志广告，也许你会因为它们看起来很有意思而拓展兴趣。在电车里面也有杂志以外的广告，你可以清楚地了解到哪里在卖什么东西，我认为观看这些信息是一件很有趣的事情。

② 观察车里的人们

在网络上绝对得不到的东西，就是人的真实表情。在日本的时候，我会格外关注电车里的人们。

我会观察他们为什么看起来那么累、拿着手机到底在做什么、为什么要玩游戏等。在电车里面，可以观察到各式各样的人们，这真是一个绝妙的场所。

③ 观察现场

下了电车以后，就去各式各样的店看看。你很容易就能获得"在这家店哪个商品最畅销"的数据，也能在网络上搜索出"7-11 和罗森的差别"。但商业是一种有生命的东西，因此你要迈出脚步，直接看到顾客和商品，才更能抓住真实感。

另外，从网络上得到的信息有的时候会有所偏差。也就是说，在信息发布者的某些意图下，常常会发生"虽然没有说谎，但只强调了某个侧面""事实和主观想法混杂在一起"的情况。关于这一点，当你到达现场，就可以看见、听见和感受到真正在现场发生的事情。

④ 走到离你的终点站很远的地方

如果有 1 小时可以散步，我会随意决定 1 条路线。比如，当我还在负责 Hello Kitty 的工作时，我会从东京板桥或大井町、千叶幕张等街道开始。

说到市场，也许有些人会想去看看位于潮流尖端的表参道和银座。如果是观察流行趋势，这些都是非常好的场所，有时我也会去看一看，但这里明显不同于一般消费结构的缩影。同样地，应该也有不少人认为"要是想看美国市场，那就去纽约",但在纽约的大部分游客,都是买特产和一些昂贵商品等比较特别的东西。

说得更极端点,若你只看品牌旗舰店或有"I ♥ NYC"商标的特产店,就误认为"这就是美国的人气商品",这和你只看表参道与原宿竹下通、浅草仲见世,就以为了解了日本的消费形态一样,在认知上会有所偏差。

比起繁华的街道,我更常去离终点站有好几站距离的板桥或大井町等地方。也许有些人会认为:"去大一点、繁华一点的街道不是会更好吗?"确实,在离板桥很近的池袋,也有一些进驻三丽鸥店铺的西武、东武等大型百货。然而,如果想要了解Hello Kitty 的零售市场,不仅要去市中心的百货店,也不可以错过像伊藤洋华堂和 AEON 等小型连锁企业与郊区购物商场。

因此我会去各个郊区购物商场看看,比如德国的里德尔、法国的家乐福和 Ocean 以及美国的沃尔玛等。虽然在这些超市中看到 Hello Kitty 商品货架上只有 Mast 版本,但我依然会察看这些陈列的商品有什么样的变化、竞争商品是什么、数量与价格是怎么样的。

在日本,如果我有 1 小时以上的时间,我会从板桥到池袋,顺道去位于原宿的 KIDDY LAND 或 Laforet,以及涩谷的巴而可百货。这些都可以带给我乐趣,让我转换心情,因此我很喜欢这类型的行程。

⑤ 逛逛书店

我是一个很喜欢逛书店的人。书店里有大量的杂志,无论是男性杂志、女性杂志、专业杂志等,都可以一目了然。无论你从事什么行业,书店都会成为一个很好的营销散步场所。

"封面上放的是哪个艺人?""什么商品的曝光率最高?"只要上网搜索,都可以找到排行榜,但如果这些就在你眼前摊开,你就能够用感觉,而不是知识来掌握信息。

就算是你没有听说过的漫画,如果发了新刊,一定会在非常醒目的地方大量摆放,这时你会感受到一股热潮:"原来这个现在很畅销!"这种感觉非常不可思议。不只是书店,只要去到物品集中的地方,一定会有所收获。

工作技巧训练 24 | 搜集信息的能力①：建立基本知识

要培养能在商务活动中必备的"观察市场的眼光"，搜集信息是不可或缺的。战略性信息的"搜集方法"分为两个阶段：①放大规模，②将信息当成是"自己的数据"来编辑。下面按顺序介绍这两个阶段的训练。

一直以来我都很喜欢阅读基本信息，就如同在第一章所说，当我还是学生时，只要新学期的课本一发下来，我就会从头到尾浏览一遍。如此一来，我会了解目前进行到哪个阶段，而像历史等科目，我的知识也不会太过碎片化，而是连接起来的。学生时代，我曾经在经营学者石仓洋子的研讨课上，学到如何制订战略的方法。

无论商业战略还是市场营销，都不该在被问到"哪个战略比较好"之后才开始思考。我在大学时代所学到的是第一阶段"不动脑子",只搜集大量客观的数据,掌握市场的整体状况即可。接着在第二阶段时,才要思考并制订战略、营销的方案等,大规模地搜集资料也是不可或缺的。比如,如果你要调查关于三丽鸥的事情,首先你要思考"卡通人物发展事业要如何营销""最大的企业在哪里?是万代公司,还是Takara Tomy"或者更国际化的"迪士尼或华纳怎么样"等,并大量阅读业绩报告和业界特辑杂志、书籍等。

然而这样做的范围还是太小了,无法称之为大规模。了解自己行业的相关数据当然是必要的,但唯有将其扩展到其他行业,规模才会大。

放大规模该怎么做?首先从最基本的地方开始调查。要调查一个未知的行业,一定要有实际行动才行。这时最有效的方法就是看书。比如,你想要调查医疗行业的趋势,那就从去书店开始吧。

比起专业书籍,你应该先从入门书着手,只要是入门书,你就能够知道到底有什么样的公司、市场规模有多大、顾客和员工的男女比与年龄比等信息。接下来,再将调查范围进一步扩大。

当你从基础开始调查时,要试着把视角从日本扩展到世界各地。比如,以服装行业为例,在日本的市场规模为8兆日元左右,其中女性服装占了65%,在这之中,内衣的比例意外地

第 3 章
养成市场洞察力

高,而男性的西装则为 5% 以下。由此,我们便能够了解到衣服逐渐有轻便化的趋势。

接着我们可以尝试搜集一些信息,会发现优衣库是日本市场占有率极高的单体企业,旗下还有数千亿日元规模的数家公司,然而即使是这样,站在世界的角度来看,还有 H&M、Inditex 集团和 GAP 等更大的企业。

即使是对某个行业研究很深的商务人士,也大多局限于国内调查。把视野放到全世界,尽可能在脑海中扩大规模后再开始调查,就能够思考出更多的可能性。

另外,要重视客观数据。要想扩大规模,最重要的是从零开始搜集事实的这段过程。只要利用网络搜寻,马上就可以找到许多市场数据,请你试着一边参考这些数据,一边找出这些数据的原始数据。

所谓的数据,会在整理过程中抽取出许多要素,这样可能会有所偏颇。如此一来,很多时候就会离原本的客观事实有一定的差距,最重要的是,你要自己找出客观的源头数据,往深处探索。

想要搜集到客观的数据,最好的方法就是努力找出某公司的销售额、利润、战略等无法改变的事实。如果你想要调查某公司,最好看一看有价证券报告书和信息检索资料。就我而言,无论是调查哪一家公司,一定会看上述这两个资料,你会很容易获得销售利润与当时的行情。假如该公司有上市，你也可以看一下股票价格，并和该行业中的其他公司做比较。

现在是一个重视效率的时代，在商业领域中大家经常会讲到"效率就是生命"这句话。但是当你想要在国际舞台上做些什么的时候，我认为要从模式中抽离出来，才是最重要的。

我从学生时代开始就非常喜欢看杂志，涉猎范围从信息杂志到流行杂志。工作以后，还专门训练了搜集商业数据的能力。这种信息搜集的训练，能让自己的基础能力得到提升。

工作技巧训练 **25** | **搜集信息的能力②：
整理可以使用的数据**

基本篇中我们已经了解过搜集信息并扩大搜索规模，在中级篇我们就要开始思考战略了。下面就来整理一些属于自己的数据吧。如果你在大学或商学院念书，可以利用各个案例来验证这个过程；若你是一个每天勤奋工作的商务人士，就用每日的工作来进行验证。训练的要点如下。

① 一边工作一边搜集信息

刚参加工作后不久，我就被告知"一天要拜访客户3次，每个月必须找到100名新客户"。这种业务模式说起来实在是很老套，不过确实是一个很有用的方法，面对面沟通确实能获得很多有用的信息。比起现在，以前公司的安保机制要宽松许多，即使没有预约也可以去看看，也能借此感受到公司的氛围。另外，我在罗森工作的时候，每周的星期二是便利店上架新商品的日子，我都会去便利店看一下，在现场获得第一手的信息。切记，无论你是哪个行业，务必搜集工作中真实的信息。

② 通过定点观测找出法则特性

把搜集到的信息变为自己的数据，这个转化的过程中一定要有自己的观点。为此，不论报纸、网络新闻、音乐排行榜等，都可以一直定点观测一件事，请试着选出一个进行定点观测。通过固定视角，把多次搜集到的信息产生一个主体性，就能发现一些规律。比如音乐，你可以从"本周 Hip Hop 歌曲排名第一，上周排在第二"做出自己的主观假设（Hip Hop 再次流行了）。

③ 思考现在工作的"未来状况"

一边观察现在的信息，一边预测一下未来。我在爱普科技股份有限公司工作的时候，公司当时的主力商品是 CD，客户是音乐行业。大约 1997 年，大家是在商店里通过 CD 买到歌手的歌曲。

那时我通过分析行业、扩大规模思考，并预测今后客户会如何改变，然后对公司内外的人说了以下这段话："电脑开始普及，比起CD，大家对于CD-ROM的需求量越来越大，因此我们也需要做出CD-ROM才行。今后，我们要怎样应对这样的改变呢？"

不久之后，爱贝克思集团便开始发行音乐，我开始观察它的结构，也开始观察新手机的界面。虽然无法提前预知变化，但在变化发生时能不能立刻察觉到，会带来完全不一样的结果，这就是我们常常提醒要有"未来状况"的假设。

如果只专注于现在的工作，你的格局会慢慢变小，唯有尝试扩大视野，才可以看到事情的整体面貌。

④ 整理可以使用的信息

到③为止，我们都只是在整理对自己有用的信息。为了能更好地传达给别人，请试着再多搜集一些信息并加以应用。如果你没有这么做，无论有再多信息，到最后依然只会白白浪费。

以前，哪怕你只是拥有为数不多的信息，也会有一定的优势。因为那时获取信息的渠道太少，只要有人说"我知道一些关于印度的事情",也会有人大声喊着"好厉害"。然而现在能够知道信息的人实在太多了,比起这个,你应该要让自己成为知道全部信息的人。正因如此,只有"单纯的知识"是没有意义的。

比如,你想在印度做宝石贸易和 IT 产业,所需要的信息是不同的,战略自然也不同。

请配合对方的需求和自己的目的整理信息。这些信息是否被整理成有用的形式?是否能推动人、钱、社会的发展?这两项只要进行演示就能立刻得到确认。若你提供的资料很难理解,顾客可能会产生错误的反应,如果信息没有经过适当的整理,就很难让顾客产生共鸣。如果传达之后的反应并不好,就说明你需要将信息进行进一步的整理了。

第 3 章

养成市场洞察力

★ 1 分钟概要——第 3 章的检查清单

○ 你在便利店的货架上看到了什么呢?
○ 你的营销散步路线是怎样的呢?
○ 你搜集了哪些资料呢?
○ 你如何整理搜集到的资料呢?

第 4 章

学习随时都能够跳槽的能力

每一个职场人，曾经都考虑过跳槽的问题。
我自己也有跳槽的经历，无论你是否想这么做，
最重要的是"无论哪一天面临跳槽的情况，都不会有任何困难"。
在本章，我将为大家介绍如何重新审视自己的市场价值，
让自己在任何情况下都可以顺利跳槽的相关技巧训练。

工作技巧训练 26 | 试着为跳槽
进行 1 小时的准备

这是我和某位会定期见面的哈佛商学院同学去旧金山吃寿司时的事情。经过了好几次跳槽，好不容易成为高层管理者的他，最近离职了。"正好小孩子出生，我认为是一个很好的离职时机。"他说。他并不是打算让太太去工作，自己在家专心照顾小孩。在旧金山，即使是男性，也有不少人会请半年的育儿假，只是像他这样认为"与其休假半年，还不如辞掉换一个新工作"的人却很少。

在美国，频繁跳槽投入新职场的成功例子很多，所以并不会因此有太大的压力。也许你对于现在任职的公司非常满意，打算就这样做到退休。或者虽然你有"想换工作"的想法，但最终被自己的一句"应该迟早有一天会这么做的"而终结。无论你是何打算，我认为时不时换工作是比较好的。

第 4 章
学习随时都能够跳槽的能力

原因有两个。

其一，你可以通过跳槽重新审视自己现在的工作状态，换言之，这是对你职业生涯的一次健康检查。

事实上，就算没有辞职，你也可以通过找工作的机会了解到"我有什么样的可能性""真正想做的事情是什么""我是否已经成为井底之蛙""我缺乏哪些方面的能力"等。

其二，如果你越想着"在这家公司已经到极限了"，然后一直被压力追着跑，就越没有时间冷静地确认自己所处的位置，以及思考有哪些公司是自己可以跳槽的。实际上，有不少人在说了"我要辞职"之后，就离开了公司，然后才开始进行新工作的选择。如果真的要辞职，请先确定接下来的出路再离开才是上策。

在这项训练中，请试着从各种角度想象跳槽后的自己。比如，我之前任职的三丽鸥年销售额大概为 750 亿日元，如果我跳槽到年销售额为 1 兆日元的公司会怎么样？也许你就会得出如以下所说的结论。

钱自然不必说了，若对方是年销售额为 1 兆日元的公司，全世界的总员工应该也有 10 万人左右。三丽鸥在日本的员工数为 762 人，海外分公司为 200 人。虽然两者的规模不一样，但都有着管理能力不足的问题。如果我不具备在其他领域开展业务的能力，即使跳槽到规模更大的公司，也无法在管理方面做出贡献。于是，你就会明白在当前的工作中，应该要强化哪些技能，例如提出希望可以转调到能管理很多下属的部门等。发现自己的不足之处，并为了补足自己的短板而努力。

无论是谁，或多或少都会对公司有所不满。但如果把自己当成刚入职的人，也许从不同的角度看到"这家公司也是挺不错的""果然这家公司很严格"等事实。

有了跳槽的准备，也就代表你会认真思考自己未来的选择。为了成为"无论什么时代、无论去了哪里都是一个被需要的人"，请检视自己现在的可能性并加以训练吧。

工作技巧训练 27 ｜ 将自己推销出去的简历写法

每到年末，我都会检视自己一年来所做的事情，然后把简历重新写一遍。特别是从 2015 年开始，由于我的工作从全球化事业转为媒体事业，所以有必要追加一些东西。2016 年，我离开了三丽鸥，在新公司担任非执行董事等，可以说是我职业生涯的转折期。

无论你有没有要跳槽的想法，都试着花 1 小时审视自己的职业生涯，重新整理你的简历。

① 把经历全部排列出来

以我为例，我会把到目前为止的工作经历，用以下的方式呈现出来：

- 1997年，青山学院大学经营学专业毕业后，进入三菱商事。任职于信息产业本部的新机能事业群，同时涉及娱乐行业的制造、销售、出资等领域，也有过借调到相关公司的经验。

- 在爱普科技股份有限公司负责制造CD、DVD。在爱贝克思集团积累了音乐发行与IT工作相关经验。在罗森娱乐商品企划与买主相关的经验。有三丽鸥出资项目的相关经验。

- 2006年赴美，2008年取得哈佛商学院的MBA（工商管理硕士）。

- 2008年进入三丽鸥美国集团，努力扩大北美与欧洲的相关事业，随后担任三丽鸥总公司常务董事，领导海外事业部门。

- 2015年成为三丽鸥媒体和I A-1 Pictures娱乐的执行长。

- 2015年就任DeNA非执行董事。

- 2016年就任LINE、贝亲、特思尔大宇宙商务的非执行董事。

- 2016年独立成立鸠山综合研究所，同时兼任SOZO VENTURES的投资合伙人，斯坦福大学访问学者。

- 担任UUUM公司顾问。

② 意识到"自己的卖点"并进行整理

我想大部分人应该都会像我前面那样,把到目前为止所有的工作经历写到一张 A4 纸上,不过我们还需要进一步整理才行。

例如,就我的情况来说,关于在三菱商事负责制造业务的工作,除非我要转职到制造业,不然就没有说明的必要,可以删除。

另外,对于会成为今后找工作重点的工作,就要多加说明,例如添加"将 Hello Kitty 扩展到全球,开始海外事务的相关拓展"等。关于现在进行时的工作,也可以标注"现在正于公司负责此业务",让人一目了然。

明白如何才能将自己推销出去,适当地增加或缩减内容,重新整理简历是必要的。

③ 用数量表示细节

如果你没有跳槽或转调其他部门的相关经验,请试着写一份企划。在这份企划中,你必须写上自己负责的职位和数据化成果。

比如,你从事电脑制造业,你是负责销售还是市场营销呢？你是否知道在这份企划中，你所负责的商品全公司的销量是几万台，自己又卖出了几百台？从入职到现在，你知道自己卖出（经手）几千台、几万台的电脑吗？虽然每到季度末都会统计这些数据，但我想几乎没有人会像计算自己的职业生涯里程一样，去合计总共卖出的数量。通过数据化，可以从不同的角度审视自己到目前为止所做的事，将数据找出作为基准。

④ 根据今后的发展方向写出强项

在跳槽文化盛行的美国，我常常会一边写简历，一边审视自己的优势和不足。然后，我会思考"为了弥补不足之处，究竟要跳槽到什么样的公司才能积累经验呢"。

比如，当你有"虽然在现在的公司，我已经掌握了足够的销售技巧，但我想拥有可以管理更多人的经验""就算同样是金融领域，我想挑战的不是会计的工作，而是资金调度""想要拥有一些自己感兴趣的营销技能"这样的想法时，你可以跳槽到能接触营销工作的公司，借以磨炼自己的技能。

另外，在日本大家通常的做法是将自己做过的事情和自己的强项进一步发展。这时你可以依照"强调优点，将缺点联结到优点"的简历理论来写。下面我们就试着结合今后的发展方向来整理简历。

比如，你的状况是"这5年间都是技术人员，在印度尼西亚工厂做了2年，其间担任过现场作业员的监督"。如果接下来你想进一步提升自己的技能，就要强调这5年来，作为技术人员所积累的业绩、技巧和优点。如果你想负责海外业务，进行全球化的工作，就强调这2年在印度尼西亚工厂担任现场作业员管理时的业绩、技巧和优点。

⑤ 一边思考"凭现在的能力可以跳槽的公司"，一边重新写简历

当简历整理完毕之后，你可以更实际地去考虑"如果以现在的工作经历跳槽会怎么样？"，例如"如果我去三丽鸥会怎么样？""如果我去 DeNA 会怎么样？"等，试着想象出一个具体的公司吧。

⑥ 一边思索寻找能够让自己成长的公司，一边重新写简历

如果发现自己的技能和经验有不足之处，就接受这是个"会让自己更加成长"的课题。接着，可以试着思考"在现在的

公司我有办法把所有问题都解决吗？能学到弥补自己不足之处的技能、积累新的经验，然后有所成长吗？"如果这些都已经完成，请写下自己做得到的经验。如果你想到的是"不对，在这家公司不可能再学到更多的了"的话，那就认真想想换工作的事情吧。

年轻的时候跳槽，与其抱着"发挥实力做出成果"的心态，不如抱着"进入新环境学习一些新技能"的心态。一旦这么做，就能创造出新的工作经历。

工作技巧训练 28 | 自己的真正价值有多少

　　如果你想要进一步重新审视自己的职业生涯，就为自己进行"诊断"吧。在网络上输入工作和年龄等，可以查到相同条件的平均年收入。但我还是建议你去接触猎头公司或人力资源顾问会比较好。你可以先预约好时间，实际上花费的时间也不会超过1小时，所以最适合做训练了。

　　与专业人士见面，你会了解现在的自己有多少种可能，能够赚到多少钱。如此一来，你也可以清楚地知道现在公司给你的薪资待遇与跳槽到其他家公司给你的薪资待遇有什么不同。如果自己的价值和公司给你的薪资待遇相呼应，那当然是最理想的，但并不是总这样。

　　如果有其他公司能给予你更高的薪资待遇，那你就应该要认真考虑跳槽的事情了。无法善用好不容易得来的机会，无论从成长角度还是从收入角度来说，都是一种浪费。反过来说，如果你对公司有很多的不满，但你了解到"现在你可以确保500万日元的年收入，但跳槽以后年收入就会下降到300万日元"的事实，你可能会决定"还是在现在的岗位上再努力一下吧"。不管是哪种情况，这些只靠自己一个人思考是无法想明白的，所以还是请专业人士来帮你"鉴定"一下吧。

无论是否跳槽，只要登录招聘网站，你就会有更多的选择。当工作上遇到瓶颈时，可能你会觉得"我还有别的路可以走"，但是当你有"要想增加收入，必须提高技能"这样的想法时，就会更加努力。

即使总是抱怨公司，当你了解到自己在社会上的资历还远远不够时，就会抱着谦虚的态度。

如果没有实际行动就不会发现，也不会看到自己真正的价值，所以请务必去见一下专业人士。

工作技巧训练 **29** | **通过公司内部转岗，创造改变契机**

　　从招聘者的立场来看，具有经验（技能）和干劲（志向）的人是最理想的。在海外，大多数都会以经验（技能）为最重要的参考要素。"由于我有 Bloomingdale's 公司的工作经验，所以可以立刻在梅西百货公司上班。"很多人会像这样，想把自己的经验原封不动地用在竞争对手公司。工作会根据专业不同而细分成很多种，即使是销售也是专业人员，因此应该要更重视专业性。

　　美国公司的销售大多会在工作内容上有明确的分工，例如"把东西卖给客户，拿到订单，我的工作就完成了。签订合同是法务部的工作，向仓库订货和交货是物流的工作"。

　　而在日本，同样是销售，但有很多人的工作范畴还包含了促销活动、制造话题等营销方面的工作事项，连销售负责人也要参与签约的流程，还会负责到最后的交货。这些工作没有办法完全靠一个人来完成，必须要以"一边和营销部商量""一边和法务部讨论"的协同作业形态进行，因此工作内容的划分比较模糊且复杂。

其实，每家公司都会有自己的做法，几乎没有能够同时运用在A营业部和B营业部的方案。当然也有例外的情况，比如保险公司的销售冠军，厉害的汽车营销商等"职场牛人"，在任何一家公司都能大显身手。

越大的企业就越需要全能型人才，如果你是在这种"工作内容划分极为复杂"的公司上班，如果你处于还没有跳槽的决心、风险太高、没有辞职理由之类的情况那就考虑内部转岗。

比如，你一直在销售部，就不会了解管理部门的事情，反之也一样。在决定跳槽之前，通过公司内部的调转岗位，创造调动的契机，我认为是比较理想的。

比起专业性，日本企业更需要全才，因为各部门的职责划分存在模糊性，如果能抓住这一特点，在公司内换岗就不再是一件难事。说不定你还会有"在销售部都努力过了，在市场营销部应该也能做出点什么来"的想法。

有些公司会采用"在各个部门积累经验，磨炼技能之后就可以晋升管理岗"的方针，这时你就不要胆怯，勇敢提出转岗要求，抓住属于自己的机会。越年轻，公司内部转岗会越容易。因为要想成为管理人员，都必须累积一定程度的业绩。关

第 4 章
学习随时都能够跳槽的能力

于这一点,年轻人大多都会被评断的是个人能力而非工作技能。一般来说,比起"难以相处的专家",日本人更倾向于选择用"有人格魅力的全才"。

从这点上来看,和想要转岗去的部门的员工一起吃午餐、喝酒等,事先调查工作内容和氛围是非常必要的。所谓"用 1 小时的午餐时间进行公司内部转岗活动",是一项不会造成你太大负担的训练。

为此,当公司前辈和其他部门的人邀请你"今天下班后一起吃饭吧",你要立即答应。当然你有事情的话可以拒绝,但如果你说出"还有谁会一起去呢?"这种表现出犹豫的问话,绝对不是一个好的应对方法。

如果你想去就爽快地答应下来,要是想和谁一起去也赶紧联系对方,如果还没决定到哪家餐厅用餐,就说"那我来预订吧",这些都是年轻人展现个人交际能力的方法。灵活一点,积极一点,在受到别人邀请的同时,可以往前踏出一步的人,正是所有部门都想要的人才。

在"这 1 小时的就餐时间"之中,你能不能让别人有"想要一起工作"的想法,很多时候就看对方是否向你抛出"要不要来我们部门"的橄榄枝。长远来看,磨炼交际技巧除了公司内部转岗以外,对向外部跳槽也会有所帮助。

工作技巧训练 **30** | 对于跳槽的邀约请立即回答

虽然我只有一次跳槽的经历，但我曾经好几度思考过要不要跳槽，心理上已有准备。

抱着"越大越好的机会可能只有一次"的想法，当面对是否要跳槽到三丽鸥时，我立即回复了。在是否接受调派到爱贝克思的合并企业工作时，我也马上回应了。在你说出"请让我考虑看看再回复"的同时，你必须要有对方可能不会再给你第二次机会的觉悟，这是我的感悟。

如果是在普通的应聘中通过筛选被人事任命的情况下，"稍微考虑一下"也不是不行，但如果是提拔内部人才就不大相同了。如果是经营者或高层直接向你提出的，你最好要有"机会只有一次"的认知。职位越高的人越重视直觉，因为忙所以性子急，因为机敏所以养成了当机立断的习惯。当你对这样的人

第4章
学习随时都能够跳槽的能力

说出"请给我一周的考虑时间"的瞬间,机会就消失了。

我之所以会和三丽鸥结缘,是因为我在三菱商事的一项业务合作。在那之后不久,我就申请了哈佛商学院,因为需要上司、学院和客户三方的推荐,所以我就拜托了在三菱商事工作时的上司山本先生、青山学院大学的恩师石仓洋子老师,以及当时是我客户的三丽鸥副总经理辻邦彦先生。当我通过申请的时候,三丽鸥副总经理祝贺我"要努力啊",那时候我真的非常高兴。我很感谢他给我力量,也很感谢三丽鸥的理念与志向。所以当对方邀请我"来我们公司吧"的时候,我能够立即回复,也是基于之前建立起来的关系。

要不要抓住这个机会,是根据你个人的判断,没有正确答案。但是你在面对机会时可以立即回复,这无疑是"决断力"的体现,你应该在平时就开始训练。

不只如此,随时预想"会被邀请",并从平时开始做好接受的心理准备也非常重要。但也不能太过勉强,即使是好不容易得到的机会,要是没有达到对方期待的水平、没有做出成果,急于跳槽也是枉然。这个时候你该思考现在可能并非真正的时机,然后坦率地回答,再观望看看,说不定还会有下次机会。我的案例是积累人际关系,虽然与训练略有不同,但只要你能够搜集信息并做好准备,就可以立即回复对方了。

比如,在我任职于三丽鸥时,有一次在海外就遇到了关于

"企业的社会责任，即CSR（Corporate Social Responsibility）"的课题。在日本，一般的CSR大多表现为捐赠和志愿服务等活动，然而迈克尔·波特则进一步优化了CSR活动，以战略和社会贡献为基础，提倡了一项可以实现的理论。

这是一种在遵守法规与人权的同时，不会对环境造成不良影响的可持续发展能力，并通过商业活动进行捐赠，为社会做出贡献的想法。近年来也出现了"创造共享价值，即CSV（Creating Shared Value）"的提案，所有企业都在摸索应对方法。

随着社会的变动，三丽鸥也出现了"我们也不得不做""但部门中没有合适的人才"等意见，于是我就负责面试合适的人选。其中有一个人在欧洲有丰富的工作经验，他提出了"请让我当CSR负责人"的要求，而我们也随即决定当场聘用他。

之所以能够这么快下决定，是因为我们事先调查过。首先，我们对"其他企业进行了怎样的操作"，"其他公司有怎样的情况"，每件事都进行了彻底的询问。如此一来，我们的信息就能慢慢累积起来，也能够浮现出"如果是在英国，或许可以和这家公司合作，采用这样的方案""在法国的话……"这样的具体方案。

在美国，每当我与在诸多方面很照顾我的律师事务所进行电话会议时，只要我顺便问一句"大家是怎么执行CSR的？"对方就会回应"有人比较清楚这一块，你问他们应该会比较

第 4 章
学习随时都能够跳槽的能力

好",接着给我列出了好几家公司名称的清单。在分别询问这几家公司的过程中,其中一家公司的人正想要跳槽到三丽鸥,也已经来面试过了。由于他立即回复了我们的邀约,我们也得以确保留下了必要的人才。

为了能把握住绝无仅有的机会,在平时就做好必要的准备是很重要的。虽然这听起来有些矛盾,不过就算机会只有一次,缘分还是会存在的。即使"要不要来我们公司"这样的邀约只有一次,但只要有缘,依然会以别的方式联系上。因此,请你认真看待一期一会[①]。即使你必须清楚回复"是"或"否",为了不要让缘分变成"绝缘",请不要忘记你的柔软度。

[①] 是由日本茶道发展而来的词语。表示人的一生中可能只能够和对方见一次面,因而要以最好的方式对待对方。

★ 1分钟概要——第4章的检查清单

○ 你未来的选择是什么?

○ 你写在简历上的"卖点"是什么?

○ 在见人力资源顾问的时候,你学到了什么?

○ 在公司,你想去的部门是哪个?

○ 你有没有在收到跳槽邀约时,能够立即回复的意向公司呢?

第 5 章

以"人"为中心
发展可能性

带你了解你不知道的事情，学习新的东西、做一件大事。
全部都是没有"人"就做不到的事情。
有时我们会自己一个人进行训练，但有时候有教练陪着会比较好。
为了扩大自己的可能性，试着让身边的人成为你的教练。

工作技巧训练 31 ｜ 每两周做一次会面清单

到目前为止，我所介绍的是踏踏实实地积累的训练，也就是所谓的"个人训练"的方法。但是，如果只进行个人训练，可能会达不到满意的效果，因为我们的想法有时会出现偏差，如此一来，就无法让自己得到更进一步的提升。因此，接下来我要介绍如何让别人成为你教练的训练方法。

在青山学院大学的研讨会中，以哈佛式教学法指导我的经营学者石仓洋子女士，可以说是我的人生导师。

石仓女士在她的著作《在世界中活跃的人们所重视的小尝试》中，写到"我的原则是，如果被邀约，就应该去看看"这句话。书中写到，很多时候新的想法是通过组合产生的；接触不同的事务，会让你一直以来认为的事情出现新的观点。所以要去各种场合与不同的人见面、学习，这对我们有很多好处。

第 5 章
以"人"为中心发展可能性

我一边阅读这本书,一边想着"的确如此!"我再一次意识到自己也有同样的想法。我真切地感受到,这么多年来,我一直都是一边学习,一边坚持训练。

与人见面,在提高想象力、培养商业头脑、自我成长等方面能够带来全方位提升。因此当我在排行程的时候,一定会制作一张"与人会面的清单",下面就来介绍这个方法。

① 在年初时大致决定你的行程

比如大型会议、活动、结算等,我们都会在每年 1 月时,写出到 12 月为止的行程。不管接下来会出现什么变动,你都可以掌握一整年的流程和状况,也能够确认该时期是否忙碌等。

② 确认两周的行程,制作"与人会面的清单"

所谓一整年的行程,已经渐渐迈向定制化的阶段。虽然我们会通过电脑来管理,但因为实在堆了太多的行程,我会每两周打印一次一星期行程表,看行程表确认待办事项的达成状况等。不仅如此,每次我都会制作一张"与人会面的清单"。

我常常需要到各地出差,例如,"下周是在上海还是在东京,直到前一刻都无法决定",所以当我发现"这周三下午有空"的时候，我会马上发信息或打电话给我想要见的人，约好了以后，立刻写进行程表里。

贸然地问对方"明天见面如何"可能会很失礼，不过在想见面的瞬间就付诸行动，是和许多人会面的一个秘诀。能不能在某时间点见到某人，可以说是命运的安排，但只要自己开始去联系，确实可以提高见面的概率。

工作技巧训练 32 | 从关系遥远的人开始加入会面清单

在"与人会面的清单"中，我会把当时突然想到"话说回来，还有这个人"的名字放进去。然而时间是有限的，不可能把想到的人全部都见一遍，这时候到底要见谁好呢？

"并不是有什么目的才要见面，见面本身就是目的。"只要有这样的意识，就不会抱有一些先入为主的成见或偏见和别人见面，就结果上来说，你会学到很多东西，你的人际关系也会越来越广。

相反的，我并不是很喜欢在决定"要从某人那里得到什么"后，才与其见面的做法。如果你抱着"若和这个人有联系，就能获得一些工作上的好处"的心态和人见面，别人可能立刻就会疏远你。虽然这是我个人的看法，但无差别对待每个人，似乎也是一个不错的思考模式。

虽然和谁见面都是可以的，但由于你把很多想要见面的人都列入了清单，所以必须要做出选择。而我决定要见谁的标准，则是"从关系较远的人开始安排见面"。

比如，我从清单中了解到"这个月和客户的业务已经进行到最后阶段，应该要一起吃顿饭、好好谈谈了"。同时，我也会注意到"上个月在研讨会上认识了一个和我没什么关联的业界人士，非常聊得来，也说了'哪天想要一起吃饭'的约定"，这时我会和在研讨会上偶然认识的人见面。

就关系来说，在业务上有往来的客户已经非常亲近了。就算没有硬把一场饭局加在行程里面，也自然有别的机会见面，就算没有，也有很多交流的机会。而这种仅仅在研讨会上认识并交换名片的人，就算说了"哪天再见"，也有可能一辈子见不到。像这样偶然的相遇，也会带来非常重要的缘分。和某个人认识以后，说了"改天再见面吧"，却放任不管，真的很可惜。我会建议你在第二天对客户愿意交换名片表达感谢的时候，也顺便寄一封信询问"那么我们什么时候见面呢"会比较好。

反之，如果你被某人邀约，轻松回应也是很重要的。只要与不同公司的人、比自己年轻的人、比自己年长的人、同辈却有着完全不同经历的人接触，你就会受到刺激。

如果放任自己的人际关系不管，你的交友数量和交友领域就会变得越来越窄。见面的人数缩减了，领域也只局限在同一家公司的人、同行业的人，最后你的交友圈只会不断缩小。

虽然窄小的世界让人感到很舒服，但从个人成长的角度来看，这是非常危险的事情。一个熟悉的地方很容易变成你的"安乐窝"，然而无论生活多舒适，也不可能永远这么下去。因为只需要一些小事情就会破坏人际关系，然后逐渐崩解。

人际关系是很容易瓦解的，这也是令人非常困扰的事情。我曾经从一位按摩师那里学到，"肩膀硬、腰痛之类的症状，在刚发生的时候虽然感受会很强烈，但后来渐渐习惯了这种状态，随着状况越来越恶化，自己的感知能力会越来越弱"的道理，这也可以运用在很多的事情上面。

正因如此，如果你有意识地扩大自己的交友数量与交友领域，那么从关系较远的人开始，安排见面行程是绝对不可或缺的。

说起来，我也会制作"好久没见面的人物清单"。你是否也有这些明明不得不见，却已经很久没有见面的人呢？请把这些人写在一张便条纸上，贴到笔记本中，你就可以为了见面而付诸行动。

工作技巧训练 33 | 不要忽略付诸实际行动的重要性

"想要见面的清单"并非只能在家里或桌子前才能完成。与其坐在桌子前拼命地写，不如付诸行动与人见面。

调整行程也是让你制作清单和付诸实际行动的一种方法。如果你只因为"做完见面清单"就满足了，最后却没有见面，这样的话，就没有意义了。

在这里，我会采用以下三种方法。

① 制作与人会面清单，并立刻打电话或发信息约时间

这是我的基本原则。如果你是忙碌或者健忘的人，我建议你立刻就可以约好时间。只要有 5 分钟的时间，就立刻打个电

话。要是你没有这么做，清单只会越积越多。

② 和人见面的"瞬间"约下次聚会

和某人吃饭的时候，假如出现"说起来 A 先生真的是个很有趣的人"之类的话题，我通常就会说"那下次我们三个人一起约吧"，然后当场打电话给 A 先生。这么一来只要电话接通了，当下就可以确认三个人的时间，马上约好下一次聚会。

见面的时候比起一对一，三四个人这样的多人见面更容易拓展话题，因此假设你心目中有"虽然还没有什么交流，但我们有共同好友的人选，就请马上约他"。

③ 运用偶然的机缘

有一次，在三菱商事的同事大桥先生介绍了《宇宙兄弟》《电车男》《桃花期》等电影的制作人川村元气先生给我认识。当大桥先生说道："川村先生正在研究卡通人物产业的事情，我想把他介绍给你。"于是马上就定好了见面日期。而川村先生当时正好在制作《Tinny & the Balloon》绘本。那个时候，关于角色，川村先生以电影制作人的视角，和我以开发卡通人物与授权事业的视角，进行了一场很有趣的对话。通过这次见面，我和川村元气先生成了好朋友。

另外，当时同席的还有布鲁特斯杂志的编辑奥村先生，他说："同为营销产业的伙伴，我也想让 LINE 的现任 CSMO（首席战略和营销官）舛田淳先生加入我们。"不久后，我们四个人就见面了。后来我们会互相关注彼此的工作。2016 年 3 月，我也接受了 LINE 公司非执行董事的职位，成为一起工作的好伙伴。

如果是在街上偶然遇见，应该有不少人只打个招呼就结束了。就算想要进一步了解或交换名片，也很难搭话。然而，假如能够利用这些"偶然"，你会见到越来越多的人。如此一来，就会有不少新事物在你意想不到的地方发生。

用实际的行动去约别人，会像齿轮慢慢加速一样，你的人际关系和工作都会有所拓展。虽然需要一点儿勇气，但请一定要试一试。你有没有这个勇气，会改变你能够见到的人数。

工作技巧训练 34 | 与人会面之前应该做的三个准备

20多岁时,我在销售岗位中认识到平时就要跟客户有所往来的重要性。尽可能地在别人面前露脸,就有可能会产生信赖关系,甚至还会看见原本看不见的东西。因为现在是一个很难进行差别化的时代,如果销售的商品和相关计划都是世界上独一无二的,那另当别论,但如果类似的商品和竞争对手有很多,你要如何增加自己的附加价值,就成了极为重要的关键。

即使如此,在商业场合,仅仅去见面是不会让人高兴的。既然对方好不容易为你腾出时间,为了让"见面"的行为产生附加价值,你必须事前做好准备。

"见到那个人真是太好了","因为见到他,我的工作范围变得更广了"。如果你能够让别人这么想,你的实力就会不断提升,因此,没有比做好和别人见面前的准备工作还重要的事情。

如果是重要见面，你花好几周甚至好几个月准备都没有问题，但有时候你会因为太忙碌而做不到。另外，还有可能发生"虽然没有准备，但我却临时要见原本想要见的人"的情况。下面我来介绍一下 1 小时内可以做到的"见面准备"。

准备① 事先调查对方的事情，请务必熟读网页

当我还在三丽鸥的时候，来访的人常常会跟我说："能见到您真是太好了！有一些话，我无论如何都想要问问鸠山先生！"但当见面以后，我不禁怀疑对方是否真的这么想，因为对方竟问了我"三丽鸥的海外销售额大概是多少呢"之类的问题。

大部分的公司都会把销售额、员工人数、主要业务内容和新产品等信息公布在自己公司的网页上。只要看一下信息，就大致可以推测出该公司的经营状况。也就是说，只要稍微查一下这些事情都能了解到。由于是花了宝贵的时间、为了加深关系才见面，能获得只有从对方身上才能知道的信息，才会有更多的收获。

因此，如果对方是初次见面的人，请在会面前花一些时间做好基本信息的预习。看网页是最好的方法，能知道这家公司

第 5 章
以"人"为中心发展可能性

具体在做些什么、特长是什么,而先了解这一切都是为了进行进一步的对话。

就算会面对象是客户的销售负责人,之前也见过好几次面,事先多准备也绝对不会白费功夫。例如:对方现在正处于忙碌的时期吗?对方现在最想解决的问题是什么……能在会面之前查到的事情,就先查清楚吧。

另外,也要注意看似无关紧要的小事情,假设对方是个足球迷,你也可以事先了解他喜欢的球队,就算自己不太关心这些事,在见面前用手机查一下该球队目前是否有赛事,这只要花个几秒钟就行了。

准备② 请用自己的方式更深入思考查到的资料

如果只获得一些对方的基本资料,根本用不了 1 小时。所以请不要只调查,要根据自己的情况加以考察。

比如,在三菱商事工作时,我曾与一家叫 Impress 的出版社有过往来,那家出版社专门向我订购了爱普科技股份有限公司做的 CD 和 DVD。为此,我把当时 Impress 发行的杂志尽可能都看一遍,并思考自己可以提出什么建议,例如"如果有这些特辑,做一些 DVD 会怎么样呢"等,这也可以说是了解对方、思考对方需求的一个重点。

"我的工作是销售CD，因此只要能拿到订单并交货就可以了。"如果你这么想，无论在哪个时代，都不会成为被需要的人。你有没有靠自己的方式理解业务，会完全影响你和客户之间的关系。你必须要全方位考虑对方的业务内容，至于要理解哪个部分，这就是你是否能够找出重点的关键。

"进货商的重点是价格、交货期限，还是另外的东西？""怎样的记录和企划才有趣？"假如你事先能这样思考，即使最后没有找出正确答案，在与对方见面时，也可以以此为基础进行更深入的话题。

正因为是初次见面的对象，你才更要注意别让情况变成"见了一次面就结束"，别疏漏调查之后的考察过程。

准备③ 在会面时要自我介绍，一定要加入基本数字

不管是初次见面还是老朋友见面，通常都会预约时间。这时大家通常会在预约消息中写上自己究竟想要做什么，却完全忘记要作自我介绍。

若你想与一位非常忙碌的关键人物见面，就一定要切实传达出你到底在哪家公司工作、是做什么的，以及你是怎样的人。假如你没这么做，对方就很难判断要不要跟你见面，甚至

第 5 章
以"人"为中心发展可能性

有可能连消息都不回复你。

比如，我在三丽鸥的时候，常常会收到"想要和 Hello Kitty 合作"的商谈要求。然而很多邮件根本就没有写要怎样合作、要做到怎样的规模等。不只如此，还曾有过实际见面以后，对方才说"其实我想要试着进一些 Hello Kitty 的商品"，这种实际需求和原来表述的需求不一样的，或者有时候负责人改变了，就会白白浪费了好不容易得来的机会。

所以，你有没有寄出一封简洁有力并明确说明公司、部门、自己、见面目的的邮件，会影响你和对方见到面的概率。就像第一章所说，在与人见面之前，请先确保你可以准确介绍自己的公司。就算才进公司一年也好，能否立即回答出年度销售额和利润是非常重要的。

要拓展你的工作范畴，重要的不是见面这件事情本身，而是能否让对方在事后觉得"见面真是太好了"。为此，你必须要做好 1 小时的准备。

工作技巧训练 35 | 与关键人物会面前应该确认的五种攻略法

在工作中拥有决定权的人，几乎都非常忙碌。我也曾在客户公司被骂说："怎么又来了？先把那里打扫一下吧！"尽管如此，我依然不气馁，在来来回回跑了好几趟后，终于见到了有决定权的人。因此我非常开心，觉得这就是时机点，想趁机多讲些话，但当我一股脑儿对负责人说的时候，对方只是说了一句："我现在很忙，下次再说吧。"然后人就消失了。这和游戏里面出现的魔王一样，一旦消失了，就必须要从头开始。

我们要有"和厉害的人见面就如同一期一会"的心理准备——如果在"魔王"出现时不立刻攻略他，就得回到起点——我把这句话铭记在心。为了不浪费与"魔王"的每一次遇见，即使事前花1小时，也会反复、仔细、不断地演练。下面就介绍一下"和魔王面谈时的1小时活用方法"，换句话说，

第 5 章
以"人"为中心发展可能性

就是"魔王攻略法"。

攻略法① 1分钟自我介绍

也许有些人会觉得"什么？1分钟不会太短吗？"但在实际进行谈话时，就会发现这是一个可以谈论很多事情的时间。

攻略法② 用3分钟整理你的报告

这是我在三菱商事工作时学到的，即使是现在，当我要对投资合伙人做报告时，如果没办法在最初的1～5分钟，简洁有力地说明内容、展望与战略、投资的优势，就很难拿到投资。

只要你"想要让对方了解自己的企划和产品"的想法越强烈，你的说明时间就会越长。如果说的太多，听的人会觉得很累，大家也会不知道你到底想要表达什么。最糟糕的情况是，你把好几页的资料，照本宣科地念完，对方很有可能会因为"我自己看就知道了"而感到厌烦，当然，现在并非连续剧，就算对方说"给你1分钟"，也不会在之后说"已经1分钟了，结束了"就真的让你停止。

尽管如此，你如果想着"我已经预约成功了，对方应该会

135

给我 30 分钟或 1 小时吧"，有这样的想法就会很危险。也许你要见的对象会花 1 小时笑着听完你所说的话，但他有可能会在心里严格地判定你"没有下次机会"了。所以请你做好"自我介绍 1 分钟 + 报告 3 分钟"的准备。

攻略法③ 请把报告做成条列式

如果要把想表达的内容缩减成 3 分钟的报告，你可以在一张纸上列一些条列式的内容，并事前整理想要说些什么。

首先，在 A4 纸上，把想要传达的内容分为 5 条写下来。要想直接传达信息，最重要的就是减少数量。当然就算列出来，也有可能无法顺利地传达。在你说出"重要的事情有 8 点"时，对方也许会想着"竟然有 8 点？那应该也不是什么重要的事情吧"。

当你思考着要如何说这些内容的时候，如果因为"只有 5 条不够"，增加一两条应该没问题，也有可能因为"不行，还是总结为 3 条吧"而对内容进行缩减。无论如何，你要记住现在是用条列的方式在说明，若有 10 条真的太多了。

请尽可能把列出的内容具体化。如果是商品报告，你需要尽可能具体地表达才能更好地传达信息，例如做出试用品，让大家更容易理解。

攻略法④ 决定条列式内容的优先级

　　重新检查一遍你写出来的内容，并谨慎思考最想要表达的是哪一点，再确定优先级。以防在你讲完第一条之后，突然出现紧急事件不得不就此结束，这样能保证最少也传达出了一条有价值的信息，请把最想表达的内容放在第一位。

　　准备得越充分，越能够在几分钟内说完，你的内容越容易直达核心。只要报告变简单了，时间自然也会缩短。然而无论提出多少方案，你都不可以忘记谦虚的态度，毕竟这些都只是你单方面的提案，并非完美。否则，可能会给人留下自以为是的不好印象。

攻略法⑤ 用"枝干和树叶"的形象来说明

　　实际上，见面时最重要的就是简洁并清楚地说明自己所准备的关键内容。如果你太过热情想要把报告说得很具体，可能就会超过3分钟，但这不是运动比赛，不必严格精确时间。

　　你可以用"枝干和叶子"的形式来说明，枝干部分为方案主题，你必须尽可能简洁、简短地说明想表达的内容；叶子部分是枝干发展后的形态，你必须一边和对方进行传接球、一边具体扩展内容。在整齐且茁壮生长的枝干上，名为"热情和想法"的叶子就会非常茂密。没有叶子、只有枝干的树会受凉，枝干太薄弱却长满叶子的树，也完全靠不住。

我在三菱商事时，一直想和三丽鸥进行业务合作，发展全球化的卡通人物事业。三菱商事汇集了许多有实力的人执行计划，我虽然是最基层的员工，但也提出了不少建议。我没有从三丽鸥那里得到过正面的回复，在合作之前，也只和辻信太郎总经理、辻邦彦副总经理有过一次见面的机会。

在见面演讲之前，我做了大量的准备，尽可能思考自己要说什么、又该如何表达。虽然当时的业务合作并不太顺利，但对我来说，却是个可以仔细研究业务内容、想出好方案的机会。后来，辻邦彦副总经理把我叫到三丽鸥公司，因为他对我的提案内容给予了高度评价，这让我自满了好一阵子。然而最近我却改变了想法。我意识到辻邦彦副总经理之所以会相信我，并非因为我方案的内容很好，而是接受了我的热情。

方案的枝干最为重要，没有叶子的树木也不会有魅力。为了充分表达出你的热情，在准备过程中，请尽可能简化你的方案并让人容易理解。

工作技巧训练 36 │ 和朋友一起审视过往的经历

回过神来才发现，已经很久没见过那个人了。

重要的人、尊敬的人、照顾过我的人、信赖的人，不知不觉已三五年没见面。正因如此，我们必须以"没有见面的人物清单"为基础和别人见面，这样不只能够重新审视你的人际关系，也可以和朋友一起回顾你的经历。

我在哈佛商学院所学到的 1 小时使用方法，至今仍在使用。"我可以通过和别人聊聊自己的近况，重新审视自己的人生和工作经历"，这是我在美国的时候，常常进行的一件事情。谁也想不到和老朋友或者会给予你刺激的友人聊聊天，又或是每年和同学见一到两次面，互相关心了解一下近况并交换意见，会有什么收获。

在美国，我有一位巴基斯坦的投资合伙人，我们会定期见面了解对方的近况和工作，有时还会一边讨论一边试着写，例如把现在自己面临的问题、要怎么做才可以解决等都写出来。

比如，当你正为人际关系烦恼，处于不知道怎么做的阶段，你可以客观说明，找出问题出在哪里，就会想出一些很简单的改善方法。例如，从明天开始要留心这件事情等，把这些问题写下来随身带着，想到的时候就看一看，会成为你反省自己行为的关键。

无论是学生时代的朋友还是公司同事，请让自己拥有几个能够定期帮助你重新审视人生的对象。

工作技巧训练 37 — 和公司内部人员交流，也能成为工作技巧的训练

如果你想"在这家公司工作一辈子""至少也要在这家公司工作几年"，那么，你可以和公司的同事一起吃午餐互相交流，这个时间也会成为训练工作技巧的重要1小时。

也许有人会认为与其花时间在公司同事身上，还不如重新认识新人、拓展人际关系。但是，你和身边的人所产生的信赖关系会对工作有所帮助，你也可以借此学到许多。

如果你是新人，会有很多机会被别人搭话，我建议你要真诚地回应。另外，当你从新人晋升到中层管理者时，通过与公司同事的联结，就能培养出跟同事在工作上的默契。

无论你处于职场中的哪个阶段，最重要的是重视与你共事者之间的沟通。请你将其当成是1小时的工作技巧训练，至少一个月主动邀请别人一次。

交流① 邀请上司一起聚餐并询问对方对你的评价

请务必要试着去邀请上司,如此一来,你应该可以得到关于工作上的真实评价,或者有机会请教上司。这和一般的 1 小时午餐时间不同,你会听到许多与你相关的事情。

此外,想得到反馈的时候,不要太过迂回,直接询问对方便是最好的办法。

关于我在工作上的优点和缺点,分别是什么呢?

我有哪些地方是值得肯定,哪些地方又需要改善的呢?

稍微用心一点,用谦虚的态度来交谈,就算只是 1 小时的聚餐,也很容易得到实用的建议。以上司的角度来看,一直以来想要给下属的建议,在这个时候也可以轻易说出来。仅仅是从上司和前辈那里得到一些反馈,你就能与其他同事拉开差距。

交流② 解决疑问事项

在非正式用餐的场合是确认你平时想问却问不出口,以及抱有疑问事情的绝佳时机。因为工作上的疑问大多会出现在非常忙碌的时候。当上司很忙时，我们会担心被责怪"连这种事情都不懂吗？"，最后就变成了什么都没有问出口。而这样的疑问事项，就试着在非正式用餐的场合直接问出来吧。

交流③ 为了消除隔阂而进行的邀请

每个人都会遇到"和这个人关系不好"的情况，例如好像一直在对自己生气的上司，或是对自己有不满的下属。为了消除这些隔阂，特意花上 1 小时会非常有效果。

当然，你没有必要说出"因为我想要解决这些问题，请给我时间"这种话，你只要用"一起吃午饭吧"来邀请就可以了。对方也会有一些想要说的事情，只要把场地定好，就算不特地提出疑问，对方应该也会说给你听。这时的你要彻底成为一个聆听者，让对方把想说的话一吐为快。

我的经验是，即使不能充分地聊 1 小时，只要那段时间两个人一起度过，尴尬的气氛也会消失，甚至很多时候对方会对你说出"今天跟你这么痛快地聊天真是太好了"。

如果你一直想要为两年前的某次大失误道歉，约对方一起聚餐，再坦诚地道歉是最好的方法。

交流④ 说一些稍微跳脱一点的话题

很多时候，批判性的问题比较适合在聚餐时说出来。比如，面对平时没什么机会交流的其他部门的主管，如果你在开会时突然冒出一句："那位主管，你们部门平时到底在想些什么呢？"这简直就是宣战式的发言，也许这就是你经常让你的上司和前辈胆战心惊的原因吧！

如果你在聚餐的时候特意选择那位主管相邻的座位，一边用餐，一边礼貌地询问对方"××主管你们部门最近有什么新想法吗？"听到如此问话，对方大多不会摆架子而是爽快地告诉你答案。

就算与工作内容没有直接关系的业务话题，也可以在此时询问。例如，你未来想去海外工作，就可以坐在该职位负责人的旁边，试着询问他们要做哪些准备。而你所得到的答案在接下来的1小时工作技巧训练中，会成为非常重要的信息。

公司的同事和朋友不一样，公司的同事是在商业场合下才会有所联络的关系。比起说些私人的话题来增加感情，加深工作上的关系会更合乎情理。如果只是在吃午餐的场合说一些闲话家常，那真的很可惜。请不要认为聚餐等同于交流，而应该把聚餐当作是训练工作技巧的场合，你会发现很多可以有效利用的方法。

第 5 章
以"人"为中心发展可能性

请停止"不想把午餐和上班时间以外的私人时间浪费在与公司同事的交流上"这种狭隘的想法,尝试"如果将时间投资在午餐的 1 小时和下班后去喝一杯的 1 小时,今后的工作会变得更加轻松"这样的想法,结果会大不一样。

工作技巧训练 38 | 领导能力是通过担任某项计划负责人而训练出来的

我真的很不擅长沟通。

我没有自信可以成为一个优秀的领导者。

很多人应该都有这样的烦恼，但是如果你想在人际关系中成长，通过与人的交往来扩大可能性，就不能一味地逃避接触人群。在这里，我推荐大家一个非常简单的训练方法，试着担任酒会聚餐的负责人——即使是刚进公司的新人，也可以借此磨炼自己的领导能力。

在日本的就职活动中，应届毕业生往往会用"曾经担任社团的社长"作为自我推荐。由此可见，在日本人的观念里"领导能力等于职务、职位"。然而真正的领导能力指的应该是在某个职位上能让事情运作，以及会带来某些影响的组织动员能力。

第 5 章
以"人"为中心发展可能性

"增进感情、庆祝某项事务、慰问员工平日的辛劳"等都可能需要聚餐,并由聚餐负责人进行组织,这是一个极需要关注细节的工作。我在三菱商事时,身为新人的我在担任酒会聚餐负责人时,必须将活动举办地点和时间等信息写成一份介绍函,然后发给公司内所有的参与者。很多人可能会觉得这件事情非常麻烦,不过这其实是一个很好的训练。多亏了那次机会,让我之后面对各个年龄层的客户时,都能够准确地传达目的,并学到正确的接待技巧。

只担任一次负责人不代表真的能了解领导能力的全貌,牢记技巧、积累经验更重要。以下提供要当一个好的负责人必须注意的 5 个重点。

① 先查看地点

选择餐厅时,最简单的方法就是在网站上看价格和客人的评价来决定最适合的餐厅。我的做法是,只要是没有去过的餐厅,即使有再详细的说明和大量的店内照片,我也会亲自去查看一趟。特别是商务会餐,我绝对会这么做。

查看地点时,可以选择用餐高峰时间段,也就是晚上七点到凌晨一点。试着进入不同的餐厅,并递上你的名片。只要自我介绍是聚餐的负责人,正在寻找适合的餐厅,相信店家都会很乐意回应你。虽然现在已经很少有人这么做，但这绝对是一件有意义的事。

因为网站中的照片终究是平面的，没有真实感。去厕所的动线如何、店内的氛围、店员的态度、环境是否干净等，这些只靠网站资料是无法得知的，有许多信息都必须亲自去确认。

例如，我们可能在实际考察后，有这样的想法，"明明是一间很棒的餐厅，厕所却在二楼。三杯酒下肚还要离开位子在陡峭的楼梯上上下下，这也太麻烦了"。如果参加餐会的人表示喜欢葡萄酒，还必须确认店内是否有存放，并观察座位之间的距离是否太近、进出是否方便。最后还要检查附近是否方便拦到出租车。

成功者大多已经很习惯接待客户，也有好几家餐厅在自己的口袋名单中。正因为能注意到各个小细节，才能够掌握店里提供的服务。要达到这样的境界也许要花上好几年的时间，而仅仅只花1小时时间事前查看店面，我想谁都可以做到。

聚会也是如此，只要观察从下车处到门口、门口到柜台的动线是否顺畅，就可以看出主办人的功底。

② 调整座位的排序

关于座位的安排，是我任职于三菱商事时所学到的一个重要技巧。

座位分为"上座"和"下座",但不代表我们必须依照客人的职位高低来安排。擅长聊天或不擅长聊天、感情好或不好、男或女,抓住客人之间的平衡来安排座位,能更好地活跃聚会的气氛。

③ 事先了解点酒和点餐的礼仪

聚餐时,我们都希望能够流畅地完成饮品和食物的点餐动作。说到酒更是有非常多细微的礼仪需要注意,例如在日本倒啤酒时,必须将瓶身标签面朝上,并用双手持瓶小心翼翼地倒入杯中;也会根据与客人间的关系,使用不同品牌的日本酒(例如和三菱商事有关的企业要用麒麟公司的酒,其他品牌都不行),日本酒则是以单手倒,另一只手稍微扶着的方式来斟酒。

有些人想要自己点餐,当然也有人希望能够由别人代劳。负责人必须注意这些细节,将自己安排在可以听见别人声音的位置,以及容易招呼到店员的位置等。

④ 事先做好关于第二场聚会的准备

如果只聚餐没办法让大家尽兴时,我们可以事先预备好有卡拉 OK、有甜点的店等不同的选择。

⑤ 第二天必须早 1 小时到公司

当天接待完毕后，我们必须在第二天早上发感谢邮件或感谢信给昨天的客人。即使是公司内的聚餐也是如此，如果第二场会餐时是由上司或前辈请客，一定要表达出感谢。如果还想要留下更深刻的印象，第二天就早 1 小时到公司，让前一晚的聚会发挥真正的效果。

虽然这个文化在日本会根据各公司有所不同，不过如果我们真的喝了一通宵，那接下来该做的事情，就更应该做好。比如，即使昨天陪客户一直持续到很晚，仅仅只睡了几个小时，却能够在上班后第一时间将聚会提到的资料整理好送到对方手上，对方会怎么想呢？喧闹的夜晚和完美的早晨，这个极大的反差会给他人留下深刻的印象，更是我们在进行交涉时的一个方法。

如同前面所说，即使只是个小小的聚会，只要改变想法，我们也可以将其当作一个训练的机会。

第 5 章
以"人"为中心发展可能性

★ 1 分钟概要——第 5 章的检查清单

○ 你和想要见面的人约好时间了吗?

○ 你做好让对方想再次与你见面的准备了吗?

○ 你准备好 1 分钟自我介绍和 3 分钟报告了吗?

○ 你的职业目标是什么?

○ 你找到接待客户的合适的餐厅了吗?

第 6 章

为了开拓未来而进行的学习

即使是商务人士,如果想要考取 MBA 或其他资格证书,只要是你想提升自己的时候,都可以利用 1 小时来学习。在本章我将结合自己的经验,介绍如何安排学习时间、学习场所,以及如何利用 1 小时和别人见面等。

工作技巧训练 39 | 创造学习时间的三种模式

2007 年，我在哈佛商学院留学，之所以决定"一定要去哈佛"，是受到石仓洋子老师的影响。老师自己也在哈佛商学院学习，并以全新的教学方式在青山学院大学教授英语。另外，40 岁就早逝的父亲也是我去哈佛留学的一个重要原因。对我来说，波士顿是我们一家四口曾经一起生活的回忆之地。

留学、考取资格证、学语言，无论学习什么，商务人士的共同烦恼就是要怎么挤出时间。在这里，我介绍 3 种能够腾出 1 小时学习时间的方法。

① 早上去咖啡馆

这个方法可以说是王道。我是个即使在家里也能够集中精神的人，但在读 MBA 的那段时间，我的孩子还很小，因此我会早起去公司附近的咖啡馆学习。

② 傍晚使用会议室

不同的公司，例会的时间也都不一样，但通常很少有在傍晚 6 点以后才开会的，因此你可以使用傍晚的会议室。在结束工作回家之前，或者是吃饭前以及加班前，我都建议你可以在傍晚的时候学习。

人通常早上头脑比较清醒，但工作一整天之后，晚上就会很疲惫。就算想着"回家后再学习一会儿"，却到家一直无法集中精神。以我的情况来说，加班并不少见，也常常需要应酬和参加晚上的聚餐。于是我想出了利用傍晚在会议室学习的方法。只要过了 6 点，你就可以借用一间没有使用的会议室学习 1 小时左右。在那之后，如果没有其他事的话就回家。

③ 和小孩子面对面学习

周末对于一个想要学习的上班族来说，是非常宝贵的时间，但你也必须要考虑家人的心情。以我的情况，我一般都是周末在家，平时很少有时间和孩子们接触，所以周末我会和他们一起洗澡，或者带他们去公园玩，但最近我突然想到一个绝妙的方法，那就是和孩子面对面一起学习。孩子上学后，就会开始有作业和考试，这时你可以和他一起坐在桌子前。就我而言，我会看点书、忙点与工作相关的事，以及一些我有兴趣的学习。比起口头上说"快点去学习"，这种做法会让孩子更愿意坐在桌子前。

当然从长期来看，你还是必须要教导孩子学习的意义，不管你在不在旁边，都应该让孩子自主学习。但我觉得现在这样"一边照顾孩子，一边自己也可以学习，让老婆有1小时的休闲时间"也很不错。另外，和孩子一起学习的1小时，多年积累下来，也可以成为孩子美好的回忆，不是吗？请一定要花点心思，让自己有学习的时间。

工作技巧训练 40 | 向"最近有经验的人"请教

当我决定要去美国留学时,首先要做的就是通过入学适应性测验和托福考试。我必须要向申请学校提交两项考试成绩及大学时代的成绩单、工作经验、三份推荐函、自己的申请理由和入学后想做的事情,并把这些资料整理成一份论文。第二阶段则为面试,基本上会以写在论文中的内容和到目前为止所做的事情为中心来进行。

这些信息都可以在网络和书中找到,也有很多专门的补习班指导,因此本书中就不做详细介绍。当你有问题想获得更详细的解答时,询问有经验者就是最好的方式。因此,我建议你这时务必花"1小时"的时间去请教有经验的人,而且需要注意的是你请教的这个人最好是"最近有经验的人",即刚做完这件事的人。

如果你想要去留学，就花个1小时边吃午餐边请教有经验的人。如果只有一个人知道那当然没办法，但要是有很多可以请教的人，请选择最近才考试、申请过留学的那个人。如此一来，你花1小时所得到的信息的质量就会更高，也更有用。

原因在于，当一件事情结束之后，记忆就会越来越薄弱。我已经毕业将近10年了，就算我可以告诉你在学校学到的东西对未来有什么帮助，而且随着时间的推移，关于入学时的细节准备和详细信息在记忆中也会有明显的差别。

如果谈到我在哈佛所获得的人脉，因为这些每天都在不断地更新，所以我说多少都可以，但要是有人问我在入学前做了哪些面试的准备，我就无法给出很好的答案了。另外，入学系统和考试方法也都有所不同。

对于刚毕业没多久的人，你可以问他入学的准备，如果是已经毕业很久的人，你可以问哪些经验如何改变了他的人生，又如何发挥作用，像这样根据对方的状况而改变问题会更好。

工作技巧训练 41 | 比语言学习更重要的是背景概念

为了提升能力，希望学些东西。
希望学一些有助于工作的东西。

商务人士想要学习的动机大多为这两者，也有不少人认为"正因为如此，才想学英语"。然而就算你去了商学院，比起语言上的不通，更多时候是因为不了解事情脉络（背景），才会让你感到辛苦。换句话说，无论学习了多少种语言，如果不了解其文化背景，无论过多久都没有办法站在起跑点上。

比如，在哈佛商学院时，我常会和许多想要成为各行各业经营者的人讨论今后该如何发展的战略。当时大家列出了美国和欧洲国家的很多公司名称，在这种情况下，包含我在内的日本人都会感到很困扰。比如有人说"今天要谈的案例为7-11"

时，大部分的日本人会有以下概念：

"这是日本最大的便利店，总共有××家店铺。一家店铺的日销售额为××万日元，利润率最高的相当于伊藤洋华堂分公司。和罗森、全家的不同点在于……"就算没有在"7-11"工作过的人，对便利店的熟悉度也很深，可以立刻给出一到两个评论。

然而，当对方说"今天要讲的案例为 Target 企业"的时候，你能像理解"7-11"那样理解该企业的背景并做出评论吗？我想，不知道 Target 这家公司的人应该有很多，就算有人知道它是美国的超市，只要话题进入"那你认为最近 Target 的营销和商品战略是什么呢？和沃尔玛又有什么不同？"时，你就没办法将话题继续下去了。也就是说，美国人之所以在商学院里面没有那么的辛苦，不是因为语言，而是因为他们脑袋里早就有概念了。

"学语言当然很重要，但更重要的是要了解该国的背景。"这是我在哈佛商学院的心得体会。这个观念不仅仅体现在美国的商学院里面，还体现在商业活动中，你是否了解一个公司或企业相关的背景知识，会改变整个工作性质。

请你从今天开始多学习一些国内外的相关知识吧。不过要如何开始呢？

我没有要你"每天熟读 1 小时"，但我认为阅读报纸是每天

第 6 章
为了开拓未来而进行的学习

的必修课。另外,每周花 1 小时看看《东洋经济周刊》《钻石周刊》等商业杂志也不错。我还是学生的时候,常常会在图书馆里把这些整理起来集中阅读,而这也造就了我工作后的一项优势。

在本书中我曾说过,我很推荐大家阅读公司的有价证券报告书、信息检索资料和投资者信息等。如果是上市企业,只要看一下网页便能马上知道信息,而且一定要加以利用。

和学生相比,商务人士了解的背景信息会更多。因为有了商业知识储备和公司的相关知识,学习起来会更容易。因此就算时间没有学生那么多,只要善用这项优势,一定可以学习到更多的背景知识。

工作技巧训练 42 | 在研讨会之前要进行发问练习

参加研讨会的时候，如果事前多进行 1 小时的准备，你所能学到的东西就会完全不一样。如果只是漫不经心地想着"如果能学到对自己有用的东西就好了"，那么无论你参加多少研讨会，听到的最后都容易变成耳旁风。为了最大限度地利用宝贵的学习机会，请先进行发问练习。

① 以"要学到什么"的心态参加研讨会

"参加这个研讨会之后，想要把什么知识带回家呢？"为了在有人这么问你时能够立即回答，请先做好准备。

比如，假如你参加的是关于海外授权事业的研讨会，这时你要决定好自己的主题，比如"说到海外，亚洲、欧洲和北美洲各不相同，就问问他们各自的特征是什么吧"，然后把问题写在纸上。另外，还要事先调查各区域的特征并进行总结。

"反正在研讨会的时候都会听到，事先查不是很浪费时间吗？"也许有人会这么想，然而研讨会中一定会出现很多你自己无法查到的信息。如果你因为调查后更了解事情的具体情况，那么当天你就能进行更深入的交流。

② 事先准备好问题

只要把想问的问题都调查过，就一定会出现一些疑问点。再把这些疑问点写下来，当天就通过提问环节好好找出答案。

③ 在研讨会中留下评论

你不是以客人的身份来参加研讨会的，而是要积极地参与。如果你有一定的相关知识，就可以在知识交流会上进行分享。如此一来，参加研讨会后的交流会时，你不会只停留在交换名片的阶段，而是很有可能与人展开接下来的话题。只要有事先练习，你能够学到的东西就会有所改变。

工作技巧训练 43 　在研讨会之后要进行书写复习

我认为将自己想的内容转换成语言，这种训练非常重要。

比如，当你参加一些研讨会时，为了不让自己只是因为觉得听到很多好内容就自我满足，在研讨会结束后，还可以花一些时间将可以参考的内容、感受到的事情、自己以后能够通过这些知识所做的改变、想要做些什么等，写成笔记或报告存留下来。

如果可以把看到的、听到的内容都整理成文章，你就会在过程中重新将思绪进行整理，如此便能更好地吸收你所学到的东西。通过这 1 小时训练的累积，你就能把学习到的东西都变成自己的能力。

在三菱商事时，我常常需要写报告，直到现在，我也还在进行书写相关的训练。

① 总结研讨会的内容

简洁地总结当天研讨会讲师、主题和主要内容等,用条列式把重点写出来也很不错。

② 总结自己的反应

光总结重点并不能进行深入的自我考察,请写上自己对哪部分有兴趣、将来会如何运用到自己的工作中等内容。一定要认真检查自己有没有通过发问练习,仔细问自己在参加研讨会之后有什么收获。

只要获得新知识就会得到刺激,各式各样的想法便会接踵而来,这时你就要把内容写下来整理并加以落实。书写可以让你冷静,也能起到修正思想偏差的效果。

③ 将学习心得写成一篇文章

报告和日记并不一样。在"写"这个行为的前提下,一定会有一个"读"的对象。为了能将这些内容分享给某个人并在工作上发挥作用,内容必须要简单易懂。

想和谁分享今天学到的知识？

怎样写才能更好地传达信息，能否对他人有所帮助？

请你围绕以上两个要点来写。

所谓写成一篇文章，就是留下记录的意思。日文中也有"文责"这个词汇，是指文章写下来后，就必须对该内容负责任，不可以给人留下"内容有误""有点语病"之类的话柄。因此写出简单易懂并正确的文章也是必备技能。

不仅是研讨会，在会议以及与上司的面谈之后，也可以通过整理出摘要的形式来训练自己的书写能力。就算只用条列式整理对方所说的事情、自己所说的事情和决定的事情，你的思绪也可以被整合起来。

对对方所说的内容有不了解之处，只要事先调查过，也能和对方进行进一步的谈话。另外，还可以回顾自己所说的内容，思考是否"这个部分有点含糊，没有切实传达清楚。再说明一次吧""明明最想传达的是这件事，却不小心以同样的比重说明了所有内容"等。

网络社会也可以说是利用信件、邮件进行联络的社会，因此这项训练也有助于提升书面沟通能力。

第 6 章
为了开拓未来而进行的学习

★ 1 分钟概要——第 6 章的检查清单

○ 你喜欢的学习场所在哪里?

○ 你所了解到的背景知识是什么?

○ 通过发问练习和书写练习,你学到了什么?

第 7 章

充实自己的教育训练

工作能力虽然很重要，但能够发挥出自己的能力才是最重要的。
为了成为无论何时都可以将能力发挥到极限的自己，
调整身心状况对于学习工作技巧也极为重要。
在本章，我将介绍身心的调整方法，
以及在工作中容易让你愤怒到失去信心的相关内容。

工作技巧训练 44 ｜ 面对问题时让自己冷静的方法

虽然大家都说日本的交通时刻表是全世界最准时的，但偶尔还是会有所延迟。也许是因为红绿灯发生问题、行李被门夹到导致暂时停驶等，正因为带着这些不确定性因素在运行，只要稍微思考一下，就会发现要列车按照时刻表百分百准时简直就是奇迹，而我们的计划也一样。

明明打算上班前去咖啡馆看 1 小时的书，孩子却突然发烧，不得不去医院；明明想要在 1 小时之内把报告准备好，却突然被上司安排了完全不相干的工作；某一天突然被努力了很久的团队踢出去了。

这个世界上有太多不合理的事情，问题总是会突然降临，这在心理上是非常危险的状态，很有可能会让我们对周遭所有事情产生怨恨。

第 7 章
充实自己的教育训练

上司在干扰我的报告。

我拼命负责的工作却在中途被人抢走了,都是他的错。

我们很有可能像这样怪罪别人,会感叹"为什么只有我倒霉"。但是唉声叹气解决不了任何问题。这时我通常会想办法重新找回自己。如果迷失自我,什么事也没办法做,到了最后,事态只会更加恶化。如果在没有自我的状况下被他人攻击,就绝对不会发生好事。此时,请脱离工作 1 小时,让自己冷静一下吧。比起被不公平的情绪笼罩着继续工作,不如休息一下,反而还会提高效率。

① 采取会让头脑冷静的具体行动

这听起来虽然很像笑话,不过你可以去便利店买个冰袋,然后真的放在头上也不错。或者你从公司出来,到附近的咖啡馆坐一会儿、去散散步、去吹吹风,又或者去单程就要花 1 小时左右的地方也可以。我也曾经在离开公司后,跑到镰仓去看海。

不过你必须要知道的是,让头脑冷静的具体行动本身是没有效果的,所谓的具体行动并非问题的解决方案,你要这么告诉自己。

客观想着"我是因为生气、情绪太过激动,不做一些古怪的事就无法安分下来,必须要冷静"的话,你就可以慢慢找回稳定的情绪。

② 确认自己的信念

稍微冷静下来以后,请试着这样思考:不公平的事情绝对会发生,约定会被打破,环境也会突然改变,甚至有可能被信任的人背叛。但也有绝对不会改变的东西,那就是自己的信念。

当遇到不公平的事情时,你就自问自答:"我自己真正想做的事情是什么?"这样你就会重新审视自己的位置,找回自我。当你陷入所有事情都一团乱麻的状态,静下心从长远来看,会发现这也不是什么大不了的事。即使是你认为"最糟、最烂的上司",那个人也不可能永远都是你的上司吧。

因此,请你花1小时好好想想自己的信念究竟是什么。

工作技巧训练 45　抑制怒气的三个步骤

当你遇到了不公平的事情或很困难的工作时，压力就会像大石头一样压着你，让你喘不过气来。

这时请你想象"自己＝柔软的球""手掌＝压力"。用手掌包覆着球，用力一握，柔软的球就会缩成小小的一团，此为压力凝结的状态。接着，球"咻"的一声从手掌中溜了出去，然后你顺着风慢慢冷静下来，再确认自己的信念。球也会慢慢地恢复原来的大小，这就是我们在上一节所说的找回自我。

然而如果压力太大，球就没有办法从手掌中挣脱出去，这时，请试着思考一下导致压力的原因。你要把"自己"这颗球紧紧握在手中，确认压迫着你"手掌"的到底是什么东西。

① 确认怒气的原因

请试着思考这个问题——自己被排除在计划之外，觉得很生气，但被排除的原因是什么呢？这时我们很容易会想成"是部门经理把我排除的"这种人为因素，结果就转为攻击模式，接着就会想"要不要告他职场骚扰""那个部门经理的个性真的很奇怪"等没有建设性的事情，然后一直处于生气状态。但是怒气产生的原因不在于"把自己排除在计划之外的部门经理的个性"，而是"部门经理为什么要把自己排除"，请跳脱人的因素确认原因。

② 跳脱原因来思考改善策略

无论你是想着"部门经理之所以把我排除在计划之外，是为了让我接手别的项目"而感到庆幸，还是因为注意到"部门经理之所以排除我，是因为觉得我对该项目没有贡献"而感到难过时，在这个时候，事情都已经发生。

大多数时候，怒气是由"无论怎么想都是因为部门经理的个人因素"这种不合理的原因所导致。这种情况下，请不要再探究原因了。无论原因是什么，事情都已经发生，此时要做的是思考改善的对策。比如，这就与在"不知道什么原因，但从

第 7 章
充实自己的教育训练

早上起床以后就一直头痛"的状况下,你选择吃止痛药等让疼痛缓解的方法解决症状一样。如果你的"症状"来自"明明差一步就可以完成该项目却突然被除名,觉得很可惜、很不甘心"的话,你的"止痛药"可以用以下想法代替:

努力到现在,只差一步就可以完成该项目了,这表示工作已经完成了 80%。即使谁都不理解我,只要我知道自己认真做了就好。

又或者你的"症状"是因为"从 A 项目中除名后,被安排去做 B 项目"这种突然被调走的命令而感到困扰的情况,就要让自己冷静,你可以这么想:

我一直在努力地在完成 A 项目,但 B 项目也很有趣。我想做的事情在 A 项目和 B 项目中都可以实现,不是吗?

就算从事情的本质上来看很不公平,但只要你能发现"这项任务也不错",就算只有这一个优点也好,你也会感到轻松一些。

175

③ 郁结不消那就睡觉

无论怎么自问自答都不痛快，这时我通常会先睡一觉。平常我的睡眠时间非常短，但当遇到不公平的事情而无法决定下一步的时候，我就会睡个够。虽然与花 1 小时小睡一会儿的心态很不一样，但最理想的还是好好睡一觉，因为身体和心灵是相连的，所以你也必须照顾好身体才行。

另外，睡觉还有另外一层意义。在把自己的愤怒、不满、抱怨向某人抒发之前，让这些情绪全部沉睡也很有必要。经常会听到这样一句话，"让自己睡一晚后再重新思考"，不过如果是关于怨言和牢骚，我认为要睡两三晚，情绪才会有所好转。

谁都遭遇过因不公平的事情而感到愤怒，以及被压力压得身心受挫的经历，但在回顾这些经历时，你的身心也被锻炼得更强大了。虽说如此，但我们不可能成为不生气的圣人和不会受伤的铁人，所以你必须具有恢复的能力，才能提高恢复平常心的速度。

工作技巧训练 46 | 了解真正的自己，改善工作质量

哪怕只有一点点也好，想在空闲时间做一些有意义的事情。尽可能提高效率，加快速度。

这些都是商务活动的基本思考模式，确实如此，但我认为有时候稍微停下脚步，多花一些时间在自己身上会更好。

注意仪表就是其中一点。要做好这件事情花不了 1 小时的时间，基本上 5 分钟、10 分钟就可以完成了。只要认真做好下面介绍的工作，即重整"真正的自己"，你的工作质量就会有所改变。

① 休息日也要认真打扮

上班的时候都会穿得整整齐齐、干干净净，可是下班一回到家，为了舒服就立刻换上睡衣，尤其到了休息日就一整天穿着家居服，大家是不是都这样呢？

小时候父母会教育我无论在什么场合都要穿着得体，这对于调整我自己很有帮助。要想让自己成长，不仅要重视工作时间的穿着，也必须重视私人时间的穿着。所以，我认为即便是休息日也要认真打扮。

② 养成擦鞋的习惯

我在日本的时候，大多数时间会待在东京的老家，每天穿鞋的时候，我的鞋都已经被擦得锃亮，这都是托了母亲的福。我总想着"都年过40岁了还让母亲这样擦鞋真的好吗？"但转念一想，这也是一种"孝顺"吧。于是我就这样接受了母亲的好意。

在三菱商事工作时，我常常需要陪大家喝酒，其中也包括前辈，有时候喝完了，大家都会到我们家借住一晚。第二天早上前辈们都会惊讶地发现门口摆着一排擦得锃亮的鞋子。

我的母亲会用牙刷仔细地刷鞋，她已经养成了鞋子穿过之

第 7 章
充实自己的教育训练

后就要擦的习惯。即使是款式简单的男士鞋，被保养的程度也超出了我的想象。一个人有没有重视一件事情，只要从他平时的生活细节中就可以发现。

我自身穿着的状态自然不必说，如果要去重要的客户家里拜访，或是有比较正式的接待，要去有榻榻米式的日本料理店时，连鞋垫都会认真地选择。

当然，这并不是告诉大家"让太太去擦鞋"或是"要给丈夫擦鞋"。无论男性还是女性，都要养成自己擦鞋的习惯。你可以在回家后马上做、早上起来后或者是一个星期做一次。把鞋去掉脏污，抹上鞋油，擦得锃亮，这些都是 5 分钟或 10 分钟就可以完成的。乍看之下擦鞋子很浪费时间，但会带给你意想不到的收获。

③ 调理身体状况

我认为应该养成定期保养身体的习惯，无论你怎么整理外观、穿着擦得多锃亮的鞋，如果身体没有调理好，你的状况就不会好。身体情况不好，头脑就会昏昏沉沉，无法制订战略，也无法发挥想象力，甚至不会有想要跟别人见面的心情。

按摩或许也是一种选择。我最近开始去做指压按摩，而我也确实感受到让专业人士检查身体是多么重要的事情。我在三丽鸥工作时，一年大概要坐100次飞机，过着居无定所的生活，每次为了调理身体去找指压师的时候，都会被骂一顿"你的身体实在是太硬了，还是稍微减少一下飞行次数吧"。

很多时候，我觉得自己就像是为了被骂才去做指压按摩的，但是最近我觉得这也有另一种好处。除了注意健康以外，也要做个"真正的自己"，让对方骂一下，被人训斥一下"放下工作，给我好好休息一下"。随着年龄的增长，你会越来越觉得这是一件很令人感恩的事情。

第 7 章
充实自己的教育训练

★ 1 分钟概要——第 7 章的检查清单

○ 你找到平息愤怒的方法了吗?

○ 你擦过自己的鞋子了吗?

○ 你找到会训斥你的人了吗?

后记

与重要人物的"一对一时间"

你能够阅读到此,我真的非常感谢。前面已经介绍了非常多的训练方法,最后再花 1 小时做收尾训练。

① 列出对自己而言很重要的事情

人、宠物,热衷的事情、计划、活动,兴趣都可以,1 个也好、100 个也好,请抽出时间做一份条列式清单。

② 审查重要事务的清单

列出清单之后,就进入审查的阶段。你把工作以外的事情都写在清单上了吗？配偶、孩子、父母、亲人、恋人、朋友都列在重要事务清单上了吗？那么你的兴趣又是什么呢？

如果上面全部被工作的事情、为了将来要努力的事情、工作上的人际关系填满，你的观念可能就会产生偏差了。

③ 检查重要事务清单的时间分配

就算在重要事务清单上写下工作和学习以外的事情，你会为此留出时间吗？你有时间和家人好好聊天吗？你有时间享受兴趣爱好吗？为了这些重要的事情，你花时间了吗？如果你和我一样说"腾不出时间来，真是糟糕"。请用第一章介绍的方法，把腾出来的1小时用来享受乐趣，和家人及朋友们一起度过吧。

要想和家人等重要的人一起度过美好时光，就要创造出可以一对一相处的时间。这是我在哈佛商学院时，一位名叫罗伯特·卡普兰（Robert S. Kaplan）的老师教我的，此观念是从"有用的领导能力是扎根在一对一关系上"的思维模式发展而来。

比如，我有3个孩子，就算我决定为了家人腾出1小时，然后和全家人一起吃饭，也没有办法加深与每个人之间的关系。

后 记
与重要人物的"一对一时间"

　　一边注意不让孩子吵闹，一边注意孩子有没有好好吃饭，一边自己又要吃饭的太太，大概没有办法认为"这是丈夫为我专门腾出的 1 小时"吧，孩子们也不会觉得全家人一起吃饭的时间是父亲特别腾出来的时间。我的长子曾经还说出"你从来就没有为我腾出过时间"之类的话。你在家是不是一直玩手机，看电视，或是做一些别的事情呢？

　　如果每周都花时间和家人在一起，并坚持这样做下去，难度也很高。一周或两周也许还能做到，但要一整年都这么做，难度就会增加。坚持花 1 小时做一件事情，看似很简单，但是要做到却格外地难。会说这些话，是因为我也有很多做不到的事情，即便如此也要努力去做。

　　每周安排一次一对一的时间，就算只有 1 小时也好。如果你能够坚持每周花 1 小时，也能够传达出"我真的很珍惜你"的信息。不要让 1 小时白白流失，为了那个重要的人，请每周都腾出时间。虽然这真的很困难，但我认为有努力的价值。

　　当然，我们也应该重视"自己"。既然是每周 1 小时，也请你腾出和自己一对一的时间，1 小时自己完全不想做任何事情的时间。这是属于自己的时间，你可以和自己面对面。我深信，所有成长的种子都是从这里孕育出来的。

　　到目前为止，我已经分享给大家很多的训练方法了。既有很容易就可以做到的事，也有无论如何都习惯不了、想起来就觉得困难的事情。但最重要的是，当你翻开这本书的时候，请不要忘记"想要通过1小时训练来锻炼自己"的心情。只要你有这种心情，无论身处什么时代，都不会成为没有工作的人。就算只是一开始的热情也好，就算有做不到的事情也无所谓。

我衷心希望，大家可以从能做得到的事情开始尝试"1小时训练"。